景观设计、环境艺术设计专业教材

景观设计
理论、方法与实践

熊清华 著

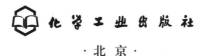
化学工业出版社

· 北京 ·

内容简介

本书从景观的基本概念研究入手，综合景观设计学科相关理论的知识，系统阐述了景观设计的构成要素与法则，景观项目的概念、类型与程序，景观项目的认知与分析，景观方案的设计与表现，最后通过近几年有代表性的景观设计实践案例来例证其理论与方法。

本书适用于景观设计、环境设计、风景园林设计、城乡规划和旅游规划等相关专业从业人员阅读，还可作为相关专业本科生和研究生的参考书。

图书在版编目（CIP）数据

景观设计理论、方法与实践 / 熊清华著. — 北京：
化学工业出版社，2023.11
ISBN 978-7-122-44431-8

Ⅰ．①景… Ⅱ．①熊… Ⅲ．①景观设计-高等学校-
教材 Ⅳ．①TU983

中国国家版本馆 CIP 数据核字（2023）第 211883 号

责任编辑：徐 娟　　　　　　　　　　装帧设计：韩 飞
责任校对：李 爽

出版发行：化学工业出版社（北京市东城区青年湖南街 13 号　邮政编码 100011）
印　　装：三河市延风印装有限公司
787mm×1092mm　1/16　印张 10　字数 246 千字　　2023 年 11 月北京第 1 版第 1 次印刷

购书咨询：010-64518888　　　　　　　　售后服务：010-64518899
网　　址：http://www.cip.com.cn
凡购买本书，如有缺损质量问题，本社销售中心负责调换。

定　　价：78.00 元

❖ 前 言

　　人类赖以生存的地球生命系统在不知不觉间发生着生态退化，随着社会经济的快速发展，人们对人居环境的审美也在发生着悄然变化。人们不再认为规则的空间格局、整齐的人工绿篱、大面积的硬质铺装、高科技的景观装置是城市美的唯一标准，高楼大厦、华灯溢彩、人来人往、车水马龙的城市生活也不是人们唯一向往的生活方式和择居选择。特别是近年来人们更加重视生命与生存的意义，更加热爱与大自然的亲密接触，更珍视自然资源、更热爱原生文化、更欣赏土生土长，展现在景观设计领域中是人们对乡土景观的热爱与推崇。城市更新视角下的生态恢复、城市绿道公园、国家公园、湿地公园、城市公共景观是城市建设发展的重点。乡村振兴背景下乡村田园综合体、乡村文旅融合、乡村公共空间、乡村露营基地也是景观设计领域的热点。同时，我们看到近几年大量的乡土植物被用在城市，自然的、不规则形态的、"野蛮"生长的植物更能给人一种舒缓的、放松的、治愈性的审美感受。人类社会发展在一定程度上破坏了原有的生态平衡，人类的文明活动表现为一种人造工程建设，景观作为文化的概念以及作为参与城市转变的方法和技术正在发生改变，从地理上的概念延伸向社会文化系统。从强调如画景观的视觉审美，转变为强调生态性与人文性交融的生境模式。景观不仅是"空间形式"和"美的外表"下美学和象征性的空间，更重要的是，它具有生态导管和通道的功能。

　　本书提出了"自然""环境""景观""生态"是景观美学中的关键概念与范畴。人居环境中的景观设计就是表达环境审美的过程，而不是一个结果。设计过程就是通过重构实体空间、物质材料、自然地质条件等，阐明从建筑、景观、乡村到荒野各种环境类型的审美价值。设计的宗旨在于在理解和认识自然格局、自然界面特征和规律的基础上，使设计能够保证自然格局的整体性和自然界面的原生性。因此，景观设计一方面要求工程建设尽可能不伤及生态环境，或者构建一种新的生态平衡；另一方面是让工程变成景观，创造新的美居环境。自然被祛魅必然会导致生态系统"畸变"，而要使自然复魅，恢复到有序和谐的状态，在改造更新过程中要适度规划。本书内容分为六章。第一章主要阐述了景观设计的相关概念与相关理论，梳理并分析了景观生态学、生态美学、景观都市主义、海绵城市等相关理论成果在景观设计学中的运用及对景观设计实践的指导作用。第二章系统阐述景观设计的构成要素，并用图文结合的方式阐释了景观设计构成的各种形式美法则，有助于理解和掌握景观平面布局的规律。第三章介绍了景观项目的不同类型与项目进行的程序，系统说明了景观项目从项目任务书到具体项目的解读与分析以及进入设计方案阶段的程序与过程。第四章阐述了景观项目的认知与分析表达，这部分内容是作为景观设计从业者必须掌握的技能。第五章介绍了景观方案的设计与表现技法，以及景观方案表达的草图、平面图、立面图、剖面图、效果图、节点详图等基本图纸的内容与规范。第六章以图文并茂的方式将不同类型的典型实践案例进行深入浅出的剖析与展示，展现了不同景观设计方案的表达与表现。

本书得以出版，首先要感谢中南民族大学中南少数民族审美文化研究中心的资助以及中南民族大学首席教授彭修银教授的指导与支持，感谢苏州科技大学建筑学院郭晓阳教授对本书内容给予的宝贵意见；再者，要感谢为本书提供实践案例图纸的苏州基业生态园林股份有限公司的李正天、江苏筑森建筑设计有限公司的范佳鸣、中铁华铁工程设计集团有限公司的孙松、苏州智地景观设计有限公司的罗朝阳、英国 DOW 景观设计（上海）有限公司侯双健、深圳市晨曼景观与建筑设计有限公司的吴旻鹭等，感谢你们提供的实践案例，在行业内树立了好的设计范型。最后要感谢笔者的两位研究生刘尤冰心、阮晓两位学生为本书绘制专业插图，感谢中南民族大学环境设计专业的本科学生提供作品，书中已做标注，在此不一一列举。

本书结合大量图片对景观设计的理论、方法与实践予以直观的图形解析，希望能为景观设计从业者和初学者提供参考。由于时间有限，书中难免有争议和疏漏之处，希望广大同行批评、指正。

熊清华

2023 年 9 月

本书出版得到以下基金项目的支持：

1. 国家社会科学基金艺术学重大项目《中国传统艺术史知识体系研究》（项目编号：21ZD08）；
2. 中南民族大学中央高校基本科研平台专项基金项目（项目编号：CSPT23001）；
3. 2022 年第一批教育部产学研合作协同育人（项目编号：220501444051408）。

❖ 目 录

第一章

景观设计的概念与理论

第一节　景观的概念与内涵

一、景观的概念

"景观"（landscape）这个词本身很简单，我们似乎都能理解，但对于每个人来说，其含义又不尽相同。在当下不同专业领域、不同视角维度里，"景观"的含义各不相同：地理学家认为景观是一种地表现象，等同于风景，例如城市景观、乡村景观、森林景观；旅游学家把景观当作旅游休闲所依托的资源；生态学家认为景观是生态系统的一部分；艺术家把他们眼里最美的景观作为表现与再现的创造对象；在普通大众眼里，景观就是户外生活环境中的城市街景立面、霓虹灯、园林绿化、艺术小品、环境设施等具体的实物。

追本溯源，"景观"（landscape）一词最早出现在希伯来文本的《圣经》旧约全书中，它被用来描写耶路撒冷的瑰丽景色。在16世纪景观作为欧洲的一个绘画术语，荷兰语中的"landschap"作为描述自然景色，特别是田园景色的绘画术语引入英语，早期仅仅意味着"地区""一片地"。但后来传入英国时有了艺术上的含义——"描绘陆上风景的绘画"，故而我们可以看到在现代英语中landscape一词表达的是风景、景色，并从中派生出了"陆地风景""山水""风景画"和"模仿自然景色的庭院布置"等含义。这时"景观"的含义同汉语中"风景""景致""景色"相一致，都是视觉美学意义上的概念。

14～16世纪大规模的全球性旅行和探险（包括1492年美洲的发现和1498年东印度航线的发现），使欧洲人对"景观"这一概念的理解发生了深刻变化。18世纪末英国人将景观引入园林设计中，19世纪中叶景观作为一个科学的术语被引用到地理学中来，并被定义为"某个地球区域内的总体特征"，由此产生了"景观地理学"一词，建立了地理学性质的景观学体系，强调对分类要素的描述和解释。这时德语的"景观"用来描述环境中视觉空间的所有实体，而且不局限于美学意义，地理学家又进一步发展了这一概念，赋之以更为广泛的内容，把生物和非生物的现象都作为景观的组成部分，并把研究生物和非生物这一景观整体的科学称为"景观地理学"。这种整体景观思想为以后系统景观思想的发展打下了基础。我们至今可见欧洲和美国的许多大学专业中，景观设计学专业仍隶属于地理学院。随后，景观的概念被引入生态学形成了"景观生态学"（landscape ecology），并作为生态学的二级学科，它研究景观单元的类型组成、空间格局及其生态过程 。中国古汉语中并没有"景观"这一词，汉语中直到近代才出现，它是由日本留学生陈植先生引进，最早在其著作《观赏树木》（1930）中出现，"景观"一词类似于山水、风景的概念。

目前多数词典中"景观"的定义都是 400 多年前的，为艺术家所定义，即景观是放眼而顾的地表部分的景物，最早它指的是风景画，之后便代表风景本身。事实上，当这个词首次被引入英语时，它并非指风景本身，而是指风景画艺术家对风景的诠释。艺术家的任务便是提取他眼前的形式、色彩和空间以及对山脉、河流、森林和田野等加以组织，从而完成艺术作品。对于景观的定义，尽管不同的国家和不同的人群有不同的定义，目前大部分人能达成共识的认知，景观是世间万物的形态、形式，其内容包括土地、空间、植物、地貌、天象、时令等构成的自然物质综合体，是人类与自然之间交流的一个平台。尽管在学科分类上，有"市政工程""园艺""风景园林""景观设计"的学科专业不同，但其实它们之间有许多共通之处。从历史上看，它们在外在表现形式上有许多相同之处，它们都会按照人的需求组织空间，都会从艺术最真实的意义出发，并兼顾生态功能。

无论在中国还是在欧洲，最初的大规模旅行和探险推动了地理学发展，加深了人们对景观的认识。但其含义人们已不满足于仅仅是对自然地形、地物的观赏及对其美再现的表达，学者们在文学、艺术等活动中开始更多地从科学的角度去分析它们在空间上的分布及在时间上的演化，例如"室内景观""文学景观""叙事景观""政治景观"等术语。

通常我们认为景观是指某地区或某种类型的自然景观，也指人工建造的景观。从设计的角度来谈景观，则带有更多的人为因素。如果说景观是一个理想，那么景观设计就应该更多地着眼于普通人、平凡人，去关心平常人心中的景观理想。不是那些让他们感到恐怖的、拥挤的交通以及体积巨大的、钢筋水泥堆砌的办公楼；不是那些从这边到那边需要经历漫长步行或攀爬的地方；不是炙热或寒冷的铺装空旷地；不是令人乏味而无所事事的地方。总的来说，景观设计是指人们对特定环境进行的有意识改造行为，它可以在某一区域内创造一个具有形态、形式、因素构成，具有社会文化内涵及审美价值的景物。

从现代景观研究范畴来定义，我们可以认为：景观通常是指在某种特定条件下所呈现出的自然环境或人工环境的全貌，包含了物理特征和人类活动的人文特征。它是由地形、气候、水文、土地利用等多种因素构成的，并且受到人类活动的影响。景观可以包括自然景观和人工景观，自然景观是指大自然本身所形成的景观，例如山川、河流、湖泊、海洋、森林等；人工景观则是在人类社会发展过程中所创造的景观，例如都市景观、农村景观、园林景观等。景观既包括地理上具体的场所，也包括社会、文化、历史、经济等方面的共同体验。概而言之，景观是一个由人创造或改造的空间综合体，是人类存在的基础和背景。景观不仅强调了我们的存在和个性，还揭示了我们的历史。

二、景观的内涵

我们可从以下五个层次来理解景观的内涵。

（一）景观是画，是艺术，是美的东西，还是一个理想

从汉语的"景""观"二字可以看出，二者的关系是"被看"与"看"的关系，可见，它一定与实体、形式有关，并且与欣赏者即观景的人有关。正如宋代辛弃疾的诗句："我见

青山多妩媚，料青山见我应如是"。前文中提到过"景观"一词最早由荷兰语而来，后传入英国，被用来描写自然中如画的景色（如图 1-1），与汉语中"风景""景致""景色"相一致，都是视觉美学意义上的概念。景观最初的意义一直偏重于视觉体验，与绘画密切相关。"景观被视为'一系列自然主义的图画'，它在很大程度上依靠视觉来欣赏，并渗透到娱乐消遣活动中去。"景观观念就如同人类把自然视作绘画艺术来欣赏，这源于 18、19 世纪英国的如画艺术观——景观"如画"，即眼前的景观乍看好似一幅克劳德·洛兰（Claude Lorrain，17 世纪法国著名画家，是古典主义风景画的奠基人，他的作品大多表现自然景观的澄净和谐之美，是自然景观和人文景观的结合）或 17 世纪荷兰风景画家的作品。18 世纪"如画性"（picturesque）的概念被构建出来，此后就成为一种表达自然美的基本美学道路。"如画"一词最早出现在威廉·吉尔平（William Gilpin）的艺术论著《关于版画的一篇论文》（*An Essay on Prints*，1768）中。他提出如画理论，意图在自然和艺术之间建立连接点。此后，"如画"被作为介于"优美"和"崇高"之间能取得平衡的第三种美学范畴，成为乡村田园景观欣赏的主流模式。吉尔平在论文中写道："如画是优美的一种，但是在一定程度上表现出崇高的粗糙和不规则性。"风景画般的自然景观在 18、19 世纪英国园林乃至整个文化生活中被赋予了复杂的含义："在艺术家的视野中，景观被视为一幅描绘自然景象的图画，而'画境'是西方古典风景画的追求。风景画的主题通常包括建筑物、乡野、庭院等。""许多在乡间漫游的人对眼前的景物油然而生喜悦之情，自己并不知道，他的快乐也许要归功于这些卑微的画家。他们首先要打开了我们的眼界，使我们看到了平时的自然美。"其后，吉尔平在其著作《如画性之旅》中将"如画性"作为人们的审美趣味评价标准，成为英国园林景观设计的标准模式，认为其典型特征是在对自然的欣赏中，将对象视为一种具有诗情画意的绘画作品。在美国被称为现代"景观设计之父"的弗雷德里克·劳·奥姆斯特德（Frederick Law Olmsted）的很多作品遵循典型的自然主义景观设计理念和原则，往往以"优美如画风格"来增强大自然的神秘与丰裕之美，这种风格在被称为美国"城市绿肺"的纽约中央公园（Central Park）（如图 1-2）的设计实践中得以展现。"如画"模式要求从视觉维度对自然风景进行艺术绘画般的把握。

图 1-1　美丽的自然景观（作者自摄）

图 1-2　纽约中央公园

后来"景观"传入英国时有了艺术上的含义——"风景的绘画"。英国风景画（English landscape painting）是 18 世纪中期至 19 世纪中后期英国美术流派之一（图 1-3）。我们通常所说的景观"如画性"就源于此，"如画性"是美学理论中介于"崇高"和"优美"的第三个美学范畴，可见"景观"起初就包含了浓浓的艺术意蕴。那么我们可以认为，景观设计就

图1-3　18世纪的英国风景画

如同创作有画框的艺术绘画，画框、构图、取景就是人的限定，它是通过人的审美趣味提炼出来的。故而当我们面对生存环境中的各种场所空间与情境，应更多着眼于普通的人、平凡的人，去设计营造平常人心中的景观理想。

例如，当我们游走在建筑设计大师贝聿铭先生设计的苏州博物馆庭院之中，建筑与景观虚实相间，石艺墙的设计限定了黄石、鹅卵石、粉墙黛瓦、绿树、天空等元素，曲桥上行走的人组成了一幅游动的画面，同时湖心亭的设计为观景限定了最佳观赏距离和最佳的景观视角（图1-4）。

图1-4　人工景观——美籍华裔建筑师贝聿铭设计的苏州博物馆

（二）景观是栖息地，是生活的场所

景观栖息地的含义是指景观是人类活动中人与人、人与自然关系等在大地上的烙印，是生活的场所。场所最基本的含义是指人类活动的背景环境。场所中由景物、人物等要素构成具有画面感和情景等空间环境，可以称之为"场景"。场景能够被直观地感受到，并且包含了三维空间和时间的维度。场景类似于一幅被界定的画面，有一个动人的主题，也是一个背景环境。场景使得观赏者明了其中的人物、故事、时间以及环境的地理特征，是场所精神的一种外在显现。挪威建筑历史和理论学家诺伯格·舒尔茨在《场所精神》中写道："场所是具有清晰特征的空间，包括了行为和时间发生。一般而言，场所都会具有一种特性或者'气氛'，是自然和人为的元素所形成的综合体。"由此可见，场所是发生行为的场地，其形成的空间具有某种人类情感和集体记忆，它是人类居住的具体表达。正如舒尔兹所说，场所都会具有一种"气氛"和"味道"，是一种综合的、整体的显现。查尔斯·莫尔（美国著名风景建筑学家，得克萨斯大学教授）在《看风景》中写道："每个场地皆有其自身特别的品质，蕴涵在石头、土地、流水、旅游、鲜花、建筑、环境、光影、声音、气息以及拂过的微风之中。"观赏者在穿过一个复杂空间时，感受环境空间的时空顺序，体验动态的场景，包括不同的精神状态和心理体验过程，这个空间就具有了一定的叙事情节。序列的场景中往往是线性的路径，连接情节之间的脉络，形成叙事，各个场景之间是一种顺序上的串联或者递进关系。场所体验最重要的维度是审美，环境空间中的场景展现了一种审美意境，而场所的审美体验在于人的居住，用海德格尔（Martin Heidegger，20世纪德国哲学家，被认为是现代哲学史上最具影响力的思想家之一。他的哲学思想被称为"存在主义"，他关注人类存在的本质和意义，他在最有影响力的著作《存在与时间》一书中提出了："诗意栖居"的理论，栖居用来描述人的生存方式）的术语来讲就是"栖居"，而唤起和促成这种感知体验意义的维度很重要。例如人类早期居住的村落，不同地域、不同自然环境的人在生存过程中建造的不同地域特色民居建筑，建造的牌坊、亭、台、楼、阁等构筑物都是人类活动的印记，反映了不同的审美意识。村落的入口是人类捍域意识的展现形式，高台是对制高点的控制的内在意识的外在形式。

景观设计是为了处理好人与自然的关系问题，所有人内心深处都隐藏着本能的对户外事物的渴望，亲近自然、土地、阳光、空气、山石、水木、花鸟以及地球上所有的生命是人的天性。我们希望亲近、观察、接触它们，需要和自然保持紧密的联系（图1-5）。

图1-5　表现人居环境中人与自然山水亲近状态的效果图

（三）景观是超越本质的精神符号

符号作为一门学科是19世纪以后才发展起来的。符号是文化的抽象表达，是人类认识事物的媒介，是信息的外在形式和物质载体。艺术符号属于次语言，通过图像和象征寓意展现人的生存状态和精神家园。苏珊·朗格（Susanne K. Langer，美国著名哲学家、符号论美学代表人物之一，先后在美国哥伦比亚大学、纽约大学等校任教，代表作《情感与形式》）提出："艺术，是人类情感的符号形式的创造"。艺术符号的形成需要经过一定时期的历史积淀才能成为某种文化的典型表征，其形成需要经历一定的选择和淘汰，才能最终有某种具体文化形式或现象上升至符号层面。作为信息载体的符号，其具体形式可融入人居环境的建筑、音乐、绘画，衣、食、住、行等各种生活形态中。景观是人类在栖息地留下的烙印，也是关于人类的史书。它可以讲述这块土地上今天和昨天的故事，是自然和社会的历史，例如我们从纪念性雕塑、壁画、刻着名字的地砖等能看到这块土地上曾经发生的故事（图1-6），标志性景观节点往往是地域文化的象征，表征着一种族群集体构造的集体情感。

图1-6　美国日内瓦湖边记录着各种故事的地砖
（作者自摄）

景观设计的精神符号体现在以人为本的基础上，倡导以使用者为本，设计切实给使用群体带来便利的环境。设计的出发点应是满足人多层次需求，包括符合人体工程学和环境行为学中的生理舒适、身心安全、获得尊重、交流交往、实现自我价值等需求。景观设计的最终目标是完成符号系统中编码者与释码者的身份归属，完成自我符号身份的建构，其实质是一种时间与空间艺术的综合，设计的对象涉及自然生态环境与人文社会环境的各个领域，是一个综合系统。从狭义上说，它包含建筑外部形态、各种构筑物、雕塑、小品、水体、植物、室外家具等要素。例如"浙江省中国最美农村回迁房"东梓关村，设计师在营造建筑景观的时候，就将当地传统建筑元素符号提炼简化，并抽象表达了当地建筑的空间意向，看起来就像当代江南水墨画的艺术效果（图1-7）。

图1-7　东梓关村民居设计

（四）景观是地域文化的一部分，是融合了人类自然、社会、文化生境的综合体

"生境"（habitat）原本是生物学概念，1917年由约瑟夫·格林内尔（Joseph Grinnell）提出，其定义是生物居住的地方。弗兰德里克·巴斯（Fredrik Barth）首次将"生境"概念引入人类学范畴，他在1956年研究巴基斯坦北部毗邻族群集团时，首次借用了生态学的"生境"这一概念，并称之为"小生境"，意指族群的"生息地"，各族群在各自生存的自然环境中形成了各具特色的文化归属。不同地域文化影响下，有不同的文化观念，能够引起当地人共同的文化记忆与文化认同，景观是引起美好记忆的精神表达。不同地域的人创造了不同地域景观，也就是当下为何要强调景观设计的"在地性"原则。景观设计师应始终秉承用

图1-8　河南省田铺大湾的
乡村景观（作者自摄）

一颗尊重自然的心、尊重地域文化的心、尊重足下文化的心、尊重野花野草的心来描写人与土地与自然的诗意。景观设计是地域文化体现的重要部分，是一种地域文化的延续。以科学的方法解读和设计好景观与地域文化的关系是景观设计中的一项重要课题。

正如当下，在国家乡村振兴的伟大战略背景下，乡村人居环境建设改造的过程中，很多人呼吁建设的同时要保留当地的"文化乡愁"，并尊重当地的自然格局和民风民俗，例如河南省田铺大湾的乡村景观建设保留了当地的自然景观和文化特色（图1-8）。

（五）景观是一门系统的综合学科

景观设计学是一个具有结构和功能的系统，不完全是感性的东西。随着人类文明的发展，城市与乡村、自然与人文之间的界限正从清晰走向模糊，并日渐协同。中国传统环境美学思想中强调"道法自然"的理念与当代西方生态设计理论奠基者伊恩·伦诺克斯·麦克哈格（Ian Lennox McHarg）提出的"设计结合自然"（Design with Nature）思想如出一辙，即如同建筑的有机模式和选址观念，要消除建筑与环境的对立因素，走向相互交融。有机模式把环境理解为各种景观要素综合构成的动态背景，由各种要素构成的场域。景观规划就是审美的过程，通过重构实体空间、物质材料、自然地质条件等，阐明从建筑、景观、乡村到荒野各种环境类型的审美价值。"设计结合自然"的宗旨在于理解和认识自然格局、自然界

面特征和规律的基础上，使规划设计能够保证自然格局的整体性和自然界面的原生性。当今，在画中居住、在诗中栖居、在乡村歇养，构成我们日常生活的生境艺术。但人类社会的发展在一定程度上破坏了原有的生态平衡，人类的文明活动表现为一种人造工程建设，景观作为文化的概念以及作为参与城市转变的方法和技术正在发生转变，从地理上的概念延伸向了社会文化系统。从强调如画的观察性景观的视觉审美，转变为强调生态性与人文性交融的生境模式。景观不仅是"空间形式"和"美的外表"下的美学和象征性的空间，更重要的是它具有生态导管和通道的功能：例如在湿地景观中潜藏着水文和暴雨管理系统；在植物群落景观中纳入绿色廊道，成为人居环境中的清洁剂。这些具有基础设施性质的景观将持续为居住的人们带来健康和幸福感。因此，生境模式下的景观设计，一方面要求我们解决如何让工程建设尽可能不伤及生态环境，或者构建一种新的生态平衡；另一方面是如何让工程变成景观，创造新的美居环境。同时要摒弃"人类中心主义"，在进行自然资源适度开发的同时，不能把原生性人居环境改造得面目全非。被祛魅的自然必然会导致生态系统的"畸变"，要使自然复魅，恢复到有序和谐的状态，在改造更新过程中要适度规划。

故而景观要求我们把它作为一个科学研究对象，用生态、地理、生物等方法来观察研究，例如我们需要学习景观生态学、植物学、环境行为学的理论方法。景观生态学认为：景观生态的任务就是协调大工业社会的需求与自然所具有的潜在支付能力之间的矛盾。景观是一个多层次的生活空间，是一个由陆圈和生物圈组成、相互作用的系统。它不仅包含该地区的大环境如自然地理区域的气候、海拔高度及地质地貌、水文条件等，也包含小环境中微小气候如日照、温度、通风以及土壤、水、地形、植物、动物以及微生物等因素，共同构成植物的生长环境，这正是雨水花园、生态浮床、海绵城市的设计原理（如图 1-9 和图 1-10）。

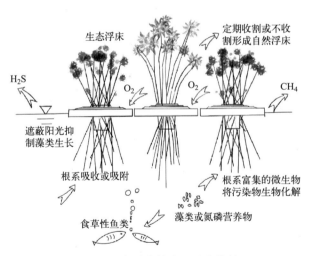

图 1-9　生态浮床技术（阮晓绘制）

图 1-10　雨水花园结构图（刘尤冰心绘制）

综上所述，景观设计学所包含的理论、技术和艺术内容十分广泛。它不仅建立在植物科学、农学、林学、气候学、土木建筑的基础上，同时还建立在广泛的人文艺术科学、社会学、美学、文学等基础上，而且涉及生态科学、环境科学，它是一门应用科学，其核心是协调人与自然的关系。它也是科学和艺术的二元性结合。这就要求景观的营建不仅仅是外表的形式美，更要尊重生态的科学原则，营造可持续性景观。

第二节　景观设计的发展历程

如果要讨论研究景观设计的发展历程，就不得不追溯世界各国传统园林的发展历程。全世界园林景观可以分为东方园林、西方（欧洲）园林、伊斯兰园林三大体系。中国和日本园林是东方园林的代表，意大利、法国、英国园林是欧洲园林的代表，由于不同的自然地理环境和文化背景、宗教信仰、社会、经济以及思维模式，人类创造了属于不同地域和文化体系的园林形式。园林景观风格也各具特色，在历史长河的发展中，形成各自独具一格的园林特征。

一、东方传统园林艺术

（一）中国传统园林的发展历程

中国经历了数千年农业文明，人和自然和睦相处是农耕文明赖以生存和发展的重要前提。在先人的经验指导之下，我们积累了许多认知和改造生存环境的方法，并在中国传统哲学的引领下，逐步形成了中国人独特的宇宙观。在中国文化发展史上，儒、道、佛三教作为中国传统文化的三大组成部分，各以其不同的文化特征，对中国古典园林产生积极深远的影响。

儒家主张人与自然和谐相处，认为天人是相通的，因此有"天人合一""万物与吾一体"之说。这些思想的形成，促使中国人的艺术心境完全融合于自然，"崇尚自然，师法自然"也就成为中国园林所遵循的不可动摇的原则。在这种思想的影响下，中国园林把建筑、山水、植物有机地融合为一体，在有限的空间范围内利用自然条件，模拟大自然中的美景，经过加工提炼，把自然美与人工美统一起来。道家崇尚自然之美，老子认为"道"是宇宙本原，也是万物存在的根据，道家总结园林审美的自然观："人法地，地法天，天法道，道法自然"。这一理论的产生为中国园林设计提供了强有力的哲学依据，使园林中的自然因素"山水"得到巩固和发展。道家对中国古典园林的影响主要表现在以下几个方面：崇尚自然山水；为中国园林山水体系的确定奠定了基础；以水体为纽带的山水、建筑组合关系的建立。佛家思想在感性中通过悟境而达到精神上的超越与自由。佛家美学将审美与艺术中主体的内心体验、直觉感情等的作用，融入中国园林的创作中，从而将园林空间的"画境"升华到"意境"。这在一定的思想深度上构筑了园林中以小见大、咫尺山林的园林空间。佛学思想对中国园林，特别是江南园林产生极大的影响。

中国古人总结出的与大自然和谐相处的哲学宇宙观是："道法自然"。中国传统的景观意识不仅仅是对聚居地的简单选择和改造，而是将其融入中国传统美学和哲学构架之中，并形成了自己寻求满意栖息地模式。相地择址是中国人内心深处和文化深处对理想居住景观模式的经验总结。例如，中国古代的神仙仙境、福地洞天、"桃花源"模式都反映了古人对理想居住地图景的描述。山水画、山水诗，以及园林艺术中的景观格局也反映了中国传统的理想景观格局，往往引导着对当下的景观设计和改造。中国传统园林是中国传统美学、哲学和景观意识的集中体现。因此，要讨论中国景观设计发展历程，就不得不提到中国传统园林的发展历程，并从中学习中国传统园林的造园智慧与环境审美思想（图1-11）。

在中国历史发展进程中，中国园林景观的发展呈现出以下特点。

黄帝时期，玄圃是世界造园史中最早有记载的人造景观。

尧舜禹时期，设有专门官员掌管"山泽园囿田猎之事"。专管草木、鸟兽之事，这是一种专职的园林之官。当然这时候由于生产力不发达，人们主要还是利用自然的条件，人工造园的成分不多。

殷商时期，开始修建都市，筑高墙绕城，建高台作为游乐远望的场所。这一时期的园林设计多为帝王所服务。

图1-11　太白山·唐镇景观设计

春秋战国至秦代，诸子百家思想争鸣，特别是以老庄为代表提倡亲近自然的道家思想，使诸侯造园逐渐兴盛，各诸侯都有一定规模的私家建造囿圃。

秦汉时期的皇家园林称之为"园囿"，是中国园林发展史上的第一个高峰期。秦始皇仿造六国宫殿于秦都咸阳渭水北岸，又在渭水南岸营造巨型的宫殿建筑群，还在全国各地遍建宫苑。宽广的宫苑平面空间象征着秦帝国辽阔的疆域，风格各异的宫殿群落象征着秦始皇吞并六合的气度，跨山越岭的地形象征着秦王朝势不可挡的锋芒，这是强大帝国最直接的艺术形象，也是秦朝宫苑始终追求的目标。秦始皇修建规模宏大的阿房宫，建驰道、植青松为旁树，这也是世界上种植行道树的早期记载。汉朝时期，帝王权贵修建御苑已成为时尚，私家造园也逐渐兴起。在当时的私家园林中，模拟自然是普遍的追求。

魏晋南北朝时期是中国园林真正开始成形的时期，由于这一时期社会战乱纷争，导致了文人造园躲避战乱，逃避现实，寄情于山水之间，隐居山林人文思想突出。从传世的敦煌壁画上看，当时的私家园林以利用自然地形为主。另外，佛教东渐并具有一定规模，这一时期新建了大量的寺院园林，其中不乏一些名园佳苑。

隋朝时期，由于统一了乱局，这一时期的皇家离宫苑囿规模宏大，风格奇巧富丽，为布景式造园，私家园林没有特别发展。

唐朝时期，私家园林逐渐达到中国园林建造的一个高峰阶段。园林大多建在山林之中，依山近水，占地面积较大，园中还开始风行布置奇石盆景，以备闲庭信步时驻足欣赏。例如王维山水画作品《辋川图》中表现的景观（如图1-12）。经过魏晋南北朝及隋唐的发展，形成了崇尚自然美的"山水园"，风格从"写实"走向了"写意"，园林以山野林间居多，注重与大自然的融合，强调远离官场尘世的纷纷扰扰，奠定了后续的山水园林发展的基础。

图1-12　王维山水画《辋川图》

宋元山水园林和私家园林的造园技艺日益成熟，上承隋唐，下启明清。特别是两宋时期，因经济繁荣昌盛，修建园林的风气也很兴盛，许多文人雅士建园林，融诗情画意于园林中，加入个人性情兴赋之意，奇石盆景应用在园林中已成为一个普遍现象，这一时期的庭院多为自然山水园。当时文人画家备受关注，其情感书法和个人思想观念对造园理念有深刻影响，使园林更富有表达文化内涵及展开艺术交流的特殊功能。许多文人、画家描绘了庭园、园林中的叠石为山、流水为池、花木虫鱼鸟兽等。更多的是以公园中的景观或建筑为题，反映了文人的心声，感叹着序列的变化，维系着他们的生活情怀。园主的情感可在园内处处体现，在现场抒发情感，用材料表达心声。私家园林的设计构思主要体现在"小中见大"，也就是在有限的空间范围中利用含蓄、曲折和暗示等手法启动人的主观再创造，形成深邃的景象，其表现形式与当时的诗画息息相关。追求自然成为园林建设的主要思想，这种崇尚自然美的设计理念产生了别具一格的"文人写意园"。南宋迁都临安后，江南地区的造园风气日渐兴盛，而地处江南的苏州、扬州、杭州等地经济繁荣、地理环境优越，因而形成了江南园林的特殊风格。再加上江南园林数量多、规模大，逐渐形成了中国园林风格的主流。

明清时期是中国园林发展的鼎盛时期，明代园林规模不大，风格上模式化。这时园林设计已呈专业化趋势，有专业造园理论和职业造园家出现，造园技巧也更成熟。明清时期大量的皇家及私家园林建造，标志着中国园林发展的高峰时期，园林从简单的庭园居所变成了一门"造园艺术"。明清时期，封建思想落没，资本主义萌芽开始。在这种时代背景下，隐逸思想弱化，此时的文人在归隐园中建构闲情雅致的生活文化，小型庭园式的园林风靡，文人将精神追求转向比"壶中天地"更小的"咫尺园林"，营造无限的空间感，这成为文人品评园林艺术创作的标准。同时，中国传统书法、诗词、绘画等艺术形式与园林艺术有着紧密的联系。明代造园家计成编写的《园冶》是中国最早、最完整、最具科学深度的造园著作，也是中国历史上第一部全面系统地总结和阐述造园法则与技艺的著作，其中全面诠释了造园理念，"三分匠，七分主人"强调了设计与构思的重要性，并提出了园林的设计原则和规律，要以顺从自然为造园的基本法则。该书整理了古代园林木作建筑的结构与装修图案，总结了堆山、理水的种类和技术法则。另外，他还满怀激情地描绘出17世纪江南园林的理想景观图景，展示了琴、棋、书画、楹联、匾额在园林中的运用，揭示了这一时期文人生活的审美情趣，同时也展现了他深厚的文化修养和园林艺术造诣。

清代造园已相当普遍，江南的造园手法也因清朝皇帝的几次南巡而被带回京城，用于宫廷园囿的建造，例如清漪园内的一池三山景观格局就是仿照杭州西湖的景色而建造。清代李渔在其著作《闲情偶寄》的后六部中记载了17世纪中国人日常生活和世俗风情的图像：从亭台楼阁、池沼门窗的布局，界壁的分隔，到花草虫鱼、玉石的摆设等方面，全景式地描述了家居生活的审美设计。家居环境是室外的生活环境，家居生活则属室内，包括家中的陈设、用品以及饮食起居等内容。李渔坚持以适宜的原则进行设计，使实用的物品有了审美价值，带来生活的乐趣。

总之，中国古代的造园艺术历经各个朝代，最终形成了中国传统皇家园林与私家园林为代表的中国造园艺术，以"虽由人作，宛自天开"为造园法则，以"天人合一""师法自然"为园林格局和建筑景观美学体系。

两种园林造园的特点如下。

（1）皇家园林以规模宏大、做工精美、造型复杂著称，这是由于特定的政治、经济、文化背景而决定的，其平面布局以中轴线贯穿整个园林，以此来象征皇权的至高无上与恢宏气度，以及规则的空间秩序象征封建王朝森严的等级制度。中国传统皇家园林最有代表性的就是故宫（图 1-13）。

（2）私家园林多为士大夫、文人、乡绅或者富贾所建造，这些人拥有一定的社会地位、经济实力，建造园林为自己所享用。私家园林以其独有的灵秀飘逸的风格和淡雅的文人情调为主，利用假山、水体、花木、建筑等元素，构成私家园林特有的空间格局和艺术风格（图 1-14）。例如苏州的四大园林中，拙政园整体布局疏密自然，全园以水为中心，全园用大面积水面形成园林空间的开朗气氛，规模宏大、山水萦绕、厅榭精美、花木繁茂，具有浓郁的江南汉族水乡特色。留园以其蜿蜒的长廊建筑艺术见长，六百多米的长廊弯曲连绵，两百余孔漏窗形态各异，入口狭窄，走道曲折，造园家充分运用了空间大小、方向、明暗的变化，将单调的通道处理得意趣无穷。狮子林内有洞顶奇峰，假山怪石林立，太湖石堆砌

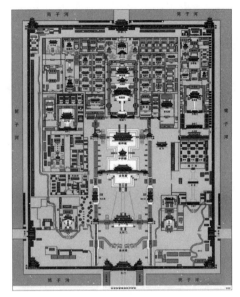

图 1-13　故宫的平面布局

出形似狮子的山水景色，形成狮子林独特的园林特色。沧浪亭以三面环水、复廊面水的开放性格局见长，复廊外侧是园外的河道，在廊下可观水，亦可临河而渔，这也是苏州古典园林独一无二的山水格局，在有限的场地挖池堆山，依照场地原貌因景写意，以水环园、借水造景。

图 1-14　中国私家园林：苏州网师园

总之，中国传统园林不仅限于对自然景观的模仿，其本质是从自然景观中提炼和抽象出审美元素，通过造园手法对现有的特征和景观构成做出调整和创造，扬长避短，以获得最佳景观效果。中国传统园林的营造思想、表现手法和制作工艺等都对现代景观设计产生了深远的影响，为现代景观设计发展提供了诸多可以借鉴的思想和方法。

（二）日本传统园林的发展历程

在国外的景观设计发展中，日本相对特殊，日本受其所处自然地理环境的影响，形成了独特的民族性格，正如美国文化人类学家鲁思·本尼迪克特在《菊与刀》一书中对日本民族性格深刻的剖析，这种民族性格也渗透到其审美意识中。日本造园艺术也受到了这种追求极致意识的影响。其初期设计受中国的影响，特别是在平安时代（约为中国唐末至南宋时期），

几乎是模仿中国的造园。后来受佛教思想，特别是受禅宗的影响，庭园设计多以娴静雅致为主题。在明治维新后，受西方的影响，再结合自己的造园传统，庭园设计形成了具有日本本土特点的景观艺术风格，禅宗文化、物哀、侘寂美学成为描述日本园林的关键词。

日本最早将景观庭园称为"niwa"（即庭园），通常指自然界中神圣的物体或者场所，如树木、山脉或者形状奇特的岩石等。天然的石组，即磐境（iwasaka）、磐座（iwkura），指神和圣灵居住的地方，受到人们的顶礼膜拜。用白沙或绳结来限定场所。神道教是早于佛教出现的日本本土宗教，崇拜自然和祖先，为日本庭园发展奠定基础。另外，日本的气候条件属于温带海洋性季风气候，季相变化非常明显、森林资源丰富，其造园对植被的设计也独具风格。

1. 日本传统园林发展历程

按照日本历史发展过程，园林景观在不同时期形成不同景观特征。

图 1-15　城之越流水遗迹

（1）古坟时代——流水与堆石。公元 300～600 年，约中国的西晋、东晋和十六国时代，城之越流水遗迹是最早出现在历史记录上的日本庭园（图 1-15）。据推测这里是贵族们举行祭祀用的场所，故而流水及岸边的堆石元素形成的天然景观等可谓是日本庭园的雏形，后来日本现代公园中也常常借鉴这种极简的元素来造景。

（2）飞鸟时代——堆石与池景。公元 600～700 年，约中国的隋朝至唐朝，代表作品是苏我马子宅邸遗址，其堆石和铺石及方形池景的建造方法很明显受到了中国造园的影响。

（3）平安时代——池泉式庭园。这种园林产生于公元 794～1190 年，约中国的唐朝和宋朝，受中国园林影响也是对自然的模拟。留下的代表作品颇多，例如平城宫遗迹、东院庭园等，可以看出该时代的庭园均具有池泉式庭园的特征。后期诞生了以宇治平等庭园、毛越寺为代表的净土式庭园。

（4）平安时代中后期至镰仓时代及南北朝——净土式庭园。公元 1185～1392 年，约中国的南宋至明朝初期，以信仰净土教的贵族为中心建造的庭园。该时代皇室开始了大型造园工程，围绕着寝宫打造池泉庭园可谓风靡一时。之后的日式庭园多受这个时代的影响，庭园的形式延续了寝宫＋池泉的样式。进入镰仓时代，诞生了很多名园的初级版本，例如西方寺（西芳寺的前身）、北山第（金阁寺的前身）。据说当时规模比现在的大，且都是净

图 1-16　银阁寺

土式池泉庭园。南北朝，中日之间的交流频繁，日本庭园文化也深受中国佛教，主要是禅宗的影响，这个时期留下的作品广为人知，如西芳寺、金阁寺和银阁寺等（图 1-16）。

（5）室町时代——枯山水庭园。公元 1392～1573 年，约中国的明朝，该时期的日本园林受中国禅宗影响，以写意的手法象征、表现自然庭园中以石代山、以沙代水等特点。枯山水的庭园与建筑紧密相连，两者在空间上互渗并延伸，庭园面积小且内容极简约。景观元素

上以白沙代水，以组石代山，往往是一组或者若干组石景，白沙和绿苔铺地，枯山水不使用开花植物，配置少量的乔灌木。白沙用钉耙划出波纹象征着水，苔藓、石头和灌木堆砌模拟山林，别无他物，这些静止不变的元素使人宁静，枯山水庭园常被认为是日本僧侣用于禅修冥想的场所。后期的枯山水，石景的平面布局三石一组为基本单元，大体上按照直线与三角形构成平面组合关系。代表作品有京都的龙安寺（图 1-17）、大德寺的大仙院等。

图 1-17　龙安寺

（6）桃山时代至江户时代中期——茶庭类庭园。公元 1573～1868 年，大概是中国的明末至清朝，随着日本茶道的盛行而出现，这一时期茶亭诞生并应用于园林中，这一时期的造园设计偏重写意。庭中主要栽植绿树，忌用花木，布局具有一定的配备方式，茶亭类庭园一般配有石灯笼、石水钵、飞石等要素，这些要素具有典型意义的日本园林特征，代表园林有桂离宫。

（7）江户时代——池水庭园。到了江户时代，约中国清朝，日本确立了自己独特的景观形式——池水庭园。池水庭园的中心为水池，池心有三岛，岛间有桥相连，池苑周围主要苑路环回引导到茶庭洼池以及亭、轩、院屋建筑。代表园林有三景园、清澈庭园、无邻庵。

日本庭园如果从使用性质方面分类，可以分为以下三大类型。

（1）寺院庭园：代表园林有东京池上本门寺、京都法然院、高桐院、龙安寺、诗仙堂、真珠庵。

（2）私人庭园：代表园林有东京濑川家宅院、京都重森三玲旧宅、荒木家庭园、中津川醋屋。

图 1-18　东京八芳园

（3）公共庭园：代表园林有东京八芳园（图 1-18）、惠庵茶寮、东京春花园盆栽美术馆、日本国籍文化会馆。

2. 日本传统园林的基本特征

（1）概括地表现大自然，以有限的空间表达自然山水的无限意境。

（2）日本庭园中的建筑、池泉、岩石、植物等成为建园的基本要素。

（3）自然风景园林具有写意和富于哲理的趋向，也是日本园林的主要成就之一。

3. 日本传统园林的设计理念和手法

（1）造园的布置是以不对称为原则。

（2）追求自然、和谐、宁静。

（3）造园中十分注重尺度与空间的关系。

（4）造园中十分注重自然主义与象征主义的关系。

（5）石材是造园的重要素材，称石为"庭园之骨"。

4. 日本传统园林的构成要素

（1）建筑：亭、台、楼、阁、轩、堂、观、书院、茶屋、舟屋。

（2）小品与构筑物：洗手钵、石灯笼、白砂和砂纹、石佛像、篱笆、石组、汀步、石径、园桥。

（3）植物：常用青苔、松柏类、蕨类植物，花卉使用较少，多选用形态纤瘦的植物，常常修剪植物形状。

5. 日本园林与中国园林的关系

中国园林和日本园林是东方园林的代表，日本园林可以说是源自中国，与中国相似的陆地环境，使得日本园林也选择了以山水为骨的形式。但是在造园理念上，日本园林更侧重自然中的人工修饰，而中国园林更强调自然之中追求诗情画意。日本园林追求侘寂、幽玄、物哀的美学思想，而中国园林追求诗情画意、曲境通幽的美学意境。

二、西方古典园林艺术

人类文化的发展与变革，总是在伴随着对过去的否定中进行，但是这种否定绝不是全部否定。一个新文化形式的产生，总是与它的母体有着千丝万缕的联系，这样才构成了文化的延续。因此要了解西方现代景观设计的产生，有必要回顾一下西方的古典园林。从历史来看，欧洲、美洲同属于一个文化传统，其园林文化属于从欧洲园林发展而来的大系统。欧洲园林作为世界园林系统中重要的一支，其传播范围最为广泛，对今天的影响也最为深刻。

若要研究欧洲的园林设计，我们不得不将目光投向地中海。因为早期源于"新月沃土"的园艺、宫廷生活及城市建筑，都是通过希腊的克里岛（古希腊文明的起源）及希腊本土、埃及和意大利传入欧洲大陆的。亨弗里·雷普顿是19世纪的园林理论家，他将园林定义为"一块栅栏隔开畜生的土地，以供人们合理使用与娱乐，也是理应由艺术培育和滋润。"

园林（garden）在英语中表示花园，它源于古英语中的"geard"（栅栏），由此产生现代英语garden和yard。园林在美式英语中为yard，德语为garten，法语为jardin，意大利为fiardino。从其发展历程来看，西方的造园并不是与生俱来的，而是受到了自然植物群落的启发，早期园林类型有圣林、园圃、乐园等。圣林最早出现在公元前27世纪以前的埃及，而乐园是波斯园林的类型，它们与古希腊园林相融合，构成了西方古典园林的风格，成为西方园林的雏形。通过一些现存的古典园林遗址，我们可以感受到西方古典园林的形成与当时的社会生活形态紧密相关，其风格的形成基于西方国家自然、社会、历史、经济、文化艺术和宗教背景。

欧洲园林开始形成时的主要风格特点为利用自然的景物，极少用人工的装饰。近代逐渐开始倾向于重视色彩的应用，利用鲜明的色彩对比达到强调整个景观的效果，这是西方景观设计与中国非常不同的一个方面。西方古典园林美学思想是建立在西方科学"唯理"的基础之上，追求古希腊"最美的线形"和"最美的比例"作为思想和批判美丑的标准。在发展过程中，不同国家在此基础上形成了各自独特的风格。

（一）古埃及园林

古埃及是西方建造景观较早的地方，古埃及人利用其特殊的地理环境和自然环境，建造了对称的方形、平面几何形式的园林（图1-19）。古埃及园林一般是对称的方形，四周有围墙，入口处建塔门，

(a) 古埃及的私家园林

(b) 古埃及的宫廷园林

图1-19　古埃及园林（刘尤冰心绘制）

由于古埃及气候炎热，干旱缺水，所以十分珍视水的作用和树木的遮荫。园内成排种植庭荫树，园子中心一般是矩形的水池，池中养鱼并种植水生植物，池边有凉亭。园林形成封闭的格局，主要原因是早期园林承担了物质生活所需的植物种植功能；一方面为家族生活提供安居之所，另一方面创建一个具有美感和令人精神愉悦的空间。

　　主要类型：水果与蔬菜园、私家园林、宫廷园林、寺庙神殿、动物植物园。

　　主要特点：园林是规则式的，并且有明显的中轴线。

（二）古希腊与古罗马园林（公元前1400～公元500年）

　　形态可塑造视觉世界，这一时期的欧洲园林也受到古典主义艺术思潮的影响，神圣丛林的思想源于美索不达米亚的宗教神殿和古埃及，但最初源于中亚——印欧文明的故土。古希腊人把体育竞赛看作是祭祀奥林匹斯山众神的一种节日活动，竞赛场地是人们交往交流的公共空间。古希腊的运动场馆和圣林应该是这一时期园林景观的雏形，古奥林匹亚体育场坐落在一片长满橄榄树、桂树和柏树的丘陵地带之中。这一时期园林的特点是：泉水和洞穴被珍视，往往作为视觉空间的中心；园林边界设置围墙，提供安全防护。罗马帝国时期建造的园林讲究永远的规则性，分为宫廷式园林、别墅式园林、城镇式园林。宫廷式园林整个宫殿的特点是房屋与花园两者密切联系，巨大的开场庭园、花床和户外空间成为室外的会客厅，借着柱廊进入房间内部，内外空间融合贯通。庞贝古城大约就是这一时期的城镇式园林代表。

（三）意大利古典园林

　　意大利古典园林是西方古典园林的代表之一。意大利位于欧洲南部的亚平宁半岛，三面临亚得里亚海和第勒尼安海，境内山地和丘陵占国土面积的80%，其海洋性气候的特点与山地丘陵的地形特点是意大利传统园林——台地式园林的重要成因之一。

　　在文艺复兴时期，意大利的佛罗伦萨、罗马、威尼斯等地建造了大量的别墅园林，以别墅为主体，利用高低错落的丘陵地形建成整齐的台地，并逐层配置修剪成图案形的灌木植坛，顺山势地形运用各种水体造景，如流动的流泉、瀑布、喷泉等，并成为连接全园的轴线或者主要景观要素，外围就是茂密的树林，这种园林被称之为意大利"台地园"（图1-20）。

　　意大利古典园林充分表现了西方古典主义美学思想，园林布局采用中轴对称式，重点突出、主次分明、比例协调、变化统一、尺度宜人，注重黄金分割比例和几何透视原理来创造理想景观效果。

图1-20　意大利台地式园林

　　意大利古典园林主要特点：台地式庭园较多，庭园具有高低错落、层次丰富的特征。矩形、曲线为主的几何图案式庭园较多，水景的造型丰富多彩。人工修剪的几何树木十分匠气，庭园的细部带有浓厚的装饰趣味，雕塑是庭园中的重要装饰元素。

（四）法国古典园林

　　9世纪以后，欧洲的城堡建筑发展迅速，尤其是法国，锥形土丘周围由栅栏围起保护建筑。17世纪，法国成为西方园林发展的聚集地，倡导规则式的古典主义园林在法国兴起。此时法国园林的选址偏爱开阔的平地，其建筑体量庞大，园林规模宏大，给人富丽堂皇的磅礴之感，进一步促进了欧洲园林的发展，基本达到了西方园林的鼎盛阶段。法国继承并发展了意大利的造园艺术风格。1638年，法国人布阿依索写成西方最早的园林专著《论造园艺术》，他认为"如果不加以条理化和安排整齐，那么人们所能找到的最完美的东西都是有缺陷的"。17世纪下半叶，法国造园家勒诺特尔提出要"强迫自然接受匀称的法则"。他主持设计凡尔赛宫苑，根据这一地区地势平坦的特点，开辟大片草坪、花坛、河渠，创造了宏伟、华丽的园林风格，被称为"勒诺特尔风格"，各国竞相仿效。

图1-21 法国凡尔赛宫

法国古典园林主要借鉴了意大利古典园林的设计手法和造园要素，中轴式布局、主次分明、轴线明确，几何造型构成空间格局，整体以庄重典雅的风格著称，典型代表是文艺复兴时期的凡尔赛宫（图1-21），它是对称美学的代表。凡尔赛宫宫殿为古典主义风格建筑，特点是建筑左右严格对称。所以凡尔赛宫在外观上造型轮廓整齐、庄重雄伟，被称为是理性美的代表，但是其室内空间设计则以巴洛克风格为主，部分厅堂为洛可可风格，以豪华、瑰丽的宫苑象征着帝王至高无上的统治力量。室外园林也以"中轴线式"进行布局设计，将建筑作为对称轴线的中心起点，引入全园的景观布局之中。庭园主体景观结构中，以大量水渠和运河作为静态水景，成为平面空间布局的一部分，与修剪整齐的绿植形成不同面积的大小对比关系。园林内的树木花草全是人工修剪的，极其讲究对称和几何图案化。这种类型的花园还被叫做"骑士花园"，是因为观赏者需要以俯视的角度去看整个花园的造型，就如同一个骑士坐在高大的马匹上俯视花园。

法国古典园林的主要特点：庭园是以建筑中心轴线的延续为主轴。中轴线的交点上配置雕塑、喷泉、水池等。追求大片草坪的平面式园景，把树木修剪成规整的几何形，花坛图案化。轴线的两侧排列着高大挺拔有气势的树木，加强了中轴线上的视觉力度，使视野更加集中、更有穿透性。

（五）英国古典园林

因受到新古典主义和浪漫主义思潮的影响，18世纪欧洲文学艺术领域中兴起浪漫主义运动。在这种思潮影响下，英国开始欣赏纯自然之美，重新恢复传统的草地、树丛，于是产生了自然风景园。英国申斯通的《造园艺术断想》首次使用风景造园学一词，倡导营建自然风景园。

18世纪之后，西方古典园林逐渐发展达到成熟期，越来越多的自然风景式园林在英国出现。这标志着西方园林类型出现转变，逐渐由之前的规则式园林向自然式风格演变，尤其是英国的丘陵地形为自然风景园林的建设提供了便利的自然条件。

浪漫主义与园林有着天然的联系。欧洲的园林有两大类：一类是起源于意大利，发展于法国的园林，典型特征是轴线明确、对称布局、以几何构图为平面形式；另一类是英国式园林，选择天然的草地、树林、池沼，具有田园牧歌式的自然风光，没有边界，和周围的原野融为一体。

英国古典园林的主要特点是：花园面积大，花园与自然中的树林、牧场、草地、湖面能够很好地衔接在一起，充分表现出自然的特征和天然的景色；另外一个特点是广泛运用植物，英国自然风景式园林开创者威廉·肯特以"自然厌恶直线"作为园林设计的美学思想（图1-22）。

图 1-22　英国自然风景式园林

三、现代园林景观设计

（一）现代园林景观设计的产生

从时间上划分，18世纪中叶以前的园林设计可以称为西方古典造园时代，直到19～20世纪，设计者们开始应用科学代替宗教来分析世界的本质，发展了抽象主义园林风格。

19世纪上半叶，西方工业快速发展，城市人口剧增，人们聚居的城市环境日趋恶化，这种情况引起了各界人士的高度重视。同时"工艺美术"运动提倡回到传统手工艺，推崇自然主义和东方艺术，这也影响了欧洲园林设计。根据不同的环境和景物，西方园林将规则式园林和自然式园林两种设计手法结合。以自然植物为主要造景元素成为当时西方园林的一种设计潮流，也对现代城市环境设计产生深远影响。

到了19世纪后半叶，美国在其城市规划中进行了实践性探索。通过城市公园的建设将园林的服务对象扩大到全社会，使其第一次成为真正意义上的开放式大众园林。1857年美国纽约中央公园建立（图1-23），成为现代意义上第一个服务于大众的开放性公园。中央公园的设计师弗雷德里克·奥姆斯特德（Frederick Olmsted）在陈述他的设计理念时说：一个城市要想在世界都市里占有一席之地，就必须更加注重人类劳动的更高成果，而不是仅仅注重那些赚钱的行业。他还认为，城市里应该有大量的图书馆、教堂、俱乐部和酒店，不能只为一般的商业服务，也要为人文、宗教、艺术和学术服务。这种思想也深深地影响了现代园林景观设计。1900年，奥姆斯特德的儿子小奥姆斯特德在哈佛大学提出创办"景观设计学"大学四年制本科专业，传统的造园学从庭园设计扩展到城市公园系统设计，乃至区域范围的景观规划。

图 1-23　纽约中央公园设计平面图

20世纪初期，形成了一种有别于传统设计的新风格——新艺术运动，并引发了现代主义思潮。新艺术运动影响到美术界和建筑界，继而也推动了园林景观的现代主义进程。20世纪60年代以后受到抽象主义、解构主义、极简主义等艺术思潮的影响，诞生了各种现代

图 1-24　高迪设计的巴塞罗那奎尔公园

风格的园林。从开始追求曲线的形式，发展到直线与几何形状作为设计的主要形式，代表人物有安东尼·高迪（图1-24），代表作品有巴黎的拉·维莱特公园（图1-25）。现代主义设计思想对现代园林景观设计发展影响巨大，倡导遵循现代主义建筑"形式追随功能"的原则，为现代园林景观设计奠定了理论基础。

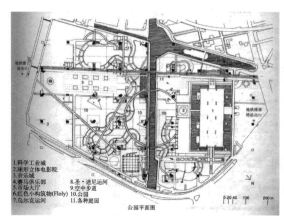

1.科学工业城
2.球形立体电影院
3.音乐城
4.赛马俱乐部
5.市场大厅
6.红色小构筑物(Floly)
7.乌尔克运河
8.圣·迪尼运河
9.空中步道
10.公园
11.各种庭园

公园平面图

公园设计方案鸟瞰图

图 1-25　拉·维莱特公园

（二）现代园林景观设计的发展

现代园林景观设计涉及城市规划、建筑设计、绘画艺术、设计艺术、植物学、生态学等诸多领域。景观设计学是一门关于如何安排土地、土地上的物体和空间来为人创造安全、高效、健康和舒适环境的科学和艺术。它是人类社会发展到一定阶段的产物，也是历史悠久的造园活动发展的必然结果。同时景观也是人类的世界观、价值观、伦理道德的反映，是人类的爱与恨、欲望与梦想在大地上的投影，而景观设计是人们实现梦想的途径。现代意义上的景观设计是因工业化对自然和人类身心的双重破坏而兴起的，以协调人与自然的相互关系为己任。与以往的造园相比，最根本区别在于，现代园林景观设计的主要创作对象是人类的生存环境，即整个人类生态系统；其服务对象是人类和其他物种。现代景观设计的发展，使景观设计基础理论不断完善，形成各种比较成熟的设计发展观。

1. 多元观

人类社会与自然环境、古典传统观念与现代设计思潮、国内与国际发展趋势相互融合互补，各种风格的艺术形式广泛结合，个性空间得到尊重与发扬，各种学术理论不断繁荣，这些都促使景观设计向多元化方向发展。

2. 人文观

社会迅猛发展的今天，人们为了生存承受着社会竞争的压力和各类信息技术的空前膨胀，对环境的要求也空前提高，需要为他们提供可以消除疲乏、愉悦身心、陶冶情操的场所。这就要求环境要与情感相交融，充分体现人文观的特点。

3. 生态观

城市化的发展给环境带来不可估量的破坏，环境的保护和改善成为景观设计的首要目标。人们对生活环境质量、生态平衡、能源开发与节约、人类与自然可持续发展理念的关注，决定了各类生态景观、绿色景观、环境保护景观、脆弱环境生态恢复景观将受到更多的青睐。

4. 科技观

高新科技能够为景观设计增加新意和施工的便利性。在景观设计中，高新科技无论是作为工具还是用于新材料的开发利用，都将使环境景观得到突破性的进展。技术密集型的景观更能体现时代的进步，以及对人文的关注和景观自身的价值。景观的技术含量决定了景观在市场中的定位及价值。

（三）现代园林景观设计的范畴

1. 景观设计学的定位

景观艺术是随着人类文明不断进步发展而日益受人们重视的一门集社会、文化、自然、科学、现代科技和艺术的人文学科。景观设计是一个古老而又崭新的学科。广义上讲，从古至今人类所从事的有意识的环境改造活动都可以称为景观设计。它是一种具有时间和空间双重性质的创造活动。它随着时代的发展而发展，每个时代都会赋予它不同的内涵，提出更高、更新的要求，它是一个创造和积累的过程。"景观"是指某地区或某种类型的自然景色，也指人工创造的景色。从设计的角度来谈"景观"则带有更多的人为因素，与自然景观相区别。那么景观设计则指人们对特定环境进行的有意识改造行为，它可以在某一区域内创造一个具有形态、形式因素构成，具有社会文化内涵及审美价值的景物。

2. 景观设计与其他相关专业的区别与联系

（1）景观设计与城市设计的关系。城市设计主要是城市化地区公共空间的规划和设计，例如城市形态的把握、和建筑师合作对于建筑面貌的控制、城市相关设施的规划设计（包括街道设施、标识），以及对城市环境形态所做的各种合理处理和艺术安排，以满足城市的经济发展。在城市设计领域中一切可以看到的内容都可以成为要素，建筑、广场、公园、环境设施、公共艺术、街道小品、植物配景等都是景观设计具体考虑的对象和设计要素。

（2）景观设计与风景园林学的关系。传统园林设计有着悠久的发展历程，已经具有成熟的专业理论和美学理论，由于在历史上园林多为个人服务，所以设计风格更注重园林主人的喜好。

现代园林景观设计又不完全等同于以往的传统造园艺术，这是因为：现代意义上的景观规划与设计多应用于大环境中，为公众和社会发展服务，以协调人与自然的相互关系为己任。

现代园林景观设计与以往的造园相比，最根本区别在于：①现代园林景观设计的主要创作对象是人类的"生存家园"，即整个人类生态系统（图1-26），其服务对象是人类和其他物种；②强调人类发展和资源及环境的可持续性。

（3）景观设计与建筑设计的关系。景观设计与建筑设计密不可分，建筑设计往往注重技术和使用功能，但是建筑内、外部环境空间都是景观设计的范围，建筑周边外部环境也是为建筑内部功能服务的。例如建筑的屋顶花园、中庭空间往往也需要景观设计来营造美好的生活空间，建筑外环境的景观营建也要考虑协调建筑的功能与美学。

图 1-26　海绵城市生态河道景观设计

图 1-27　城市中的广场小品设计

（4）景观设计与公共艺术设计的关系。公共艺术设计可以理解为公共空间的艺术品，它通常包括广场的雕塑、小品、城市家具、景墙、壁画等（图 1-27），这些往往就是景观场景中设计的亮点，用来点明环境的主题或者作为环境空间中的中心焦点，而景观设计往往包含公共艺术品的设计，但更关注整个物质空间的整体设计。

由此可见，景观设计需要建立在各学科基础之上，是多学科知识相结合的产物。

3. 景观设计的两个环节

景观设计主要包含景观规划和具体空间设计两个环节。

（1）景观规划。景观规划环节指的是在大规模、大尺度上把握景观，包括以下几项内容：场地规划、土地规划、控制性规划、城市设计和环境规划。环境规划主要是指某一区域内自然系统的规划设计和环境保护，目的在于维持自然系统的承载力和可持续性发展。

（2）具体空间设计。具体空间设计是景观设计的基础和核心。景观设计中的主要要素是地形、水体、植被、建筑及构筑物，以及公共艺术品等，主要涉及对象是城市开放空间，包括城市公共空间景观设计、庭园设计、居住区景观、城市街头绿地，以及城市滨湖、滨河地带设计、乡村景观设计等。其目的不但要满足人类生活功能上、生理健康上的要求，还要不断地提高人类生活的品质、丰富人的心理体验和精神追求。

4. 景观设计的目标

（1）构建可持续性的人居生态环境。现代工业的发展带来的不仅是生活的便利，还有工业化导致的环境污染、能源短缺。就像恩格斯在《自然辩证法》里所预料的那样："我们不要过分陶醉于我们对自然界的胜利，对于每一次这样的胜利，自然界都报复了我们。"因此，保护自然生态环境、寻求与自然相和谐的统一，是我们进行景观设计时应该坚守的总原则。利用植物造景可以调节空气，减少污染，植物在景观设计中担任很重要的角色，是设计的主体元素之一。它不仅仅是单纯的种树绿化，而是科学地、带有视觉美感地、有意识地进行生态功能布局，以达到生态效应同时具有景观观赏价值。

（2）提供优质的室外交往空间。晨练者、孩子、老人需要在户外进行活动，特别是中国进入老龄化社会，对城市景观规划的要求也越来越迫切。提供优质户外活动空间，是在景观设计时应该围绕的主题。

（3）美化环境，陶冶情操求得身心平衡。人的本能是站累了想坐，坐久了想走，太闹了想静，静久了想闹，城市住久了想去农村，农村住久了向往城市。人们就是这样在各种正负形态下不断求得平衡的过程中度过。景观设计师要对人们的需求心理进行分析，创造适合人们需求的环境，比如在写字楼增加屋顶花园、中庭等景观设计，为工作的人们提供一个减压的环境，求得身心平衡。因此可以说，景观设计的重要理念是，规划设计适合人们的生理尺度的环境，满足人们的视觉、听觉、嗅觉、味觉、触觉以及习惯，使生活环境更加科学合理，更有利于健康。

第三节　景观设计相关理论体系

一、景观生态学

景观生态学（landscape ecology）作为一个新兴的概念，是生态系统的载体。景观生态学是将生态学研究方法与地理学研究方法结合起来，研究景观的结构、功能、结局、过程与尺度之间的关系、景观变化及人类与景观关系的交叉学科。景观生态学的核心内容包括从自然到城市的景观空间格局，景观格局与生态过程的关系，人类活动对于格局、过程的影响等。景观生态思想的产生使景观的概念发生了革命性的变化。

早在 1939 年，德国著名生物地理学家爵尔（C. Troll）就提出了"景观生态学"的概念。景观生态学就是把地理学家研究自然现象空间关系时的"横向"方法，同生态学家研究生态区域内功能关系时的"纵向"方法相结合，研究景观整体的结构和功能。景观生态学认为：景观生态的任务就是为了协调大工业社会需求与自然所具有的潜在支付能力之间的矛盾，景观是一个多层次的生活空间，是一个由陆圈和生物圈组成的、相互作用的系统（如图 1-28）。

景观生态学是地理学、生态学、系统论、控制论等多学科交叉渗透而形成的一门新的综合学科。它主要从地理学和生物学入手，将地理学对地理现象的空间相互作用的横向研究和生物学对

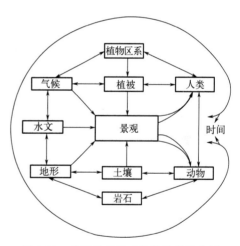

图 1-28　关于景观组成及其关系的分析
（刘尤冰心绘制）

生态系统机能相互作用的纵向研究结合为一体，以景观为研究对象，通过物质流、能量流、信息流和物种流在地球表层的迁移与交换，研究景观的空间结构、功能及各部分之间的相互关系，研究景观的动态变化及景观优化利用和保护的原理与途径。景观生态研究主要是对气候、地貌、土壤、植被、水文和人造构筑物等组成要素的特征及其在系统中的作用进行研究。景观空间结构研究是对个体单元空间形态和内部异质性的分析。景观生态过程研究是研究空间结构和生态过程的相互作用，它是景观生态评价和规划的基础。

景观要素是景观的基本单元，景观生态学中按照各种景观要素在景观中的地位和形状，可分成斑块、廊道和基质三种类型。斑块、廊道、基质等概念可以帮助景观设计师理解景观格局与景观过程中三者相互作用的模式。

（一）斑块

斑块指在外部形态上与周围地区有所不同的一块非线性地表区域。斑块具有可感知性、等级性、相对均质性、动态性、尺度依赖性和生物依赖性等特点。例如大片农田中遗留的原始林地。

（二）廊道

廊道是与基质有所区别的一条带状区域，例如道路、河流、农田防护林、堤坝、沟渠或者城市周边的景观绿道等均属于景观廊道。廊道具有双重作用：一方面它将景观不同部分隔离开，另一方面它又将景观另外一些不同部分连接起来。干扰廊道由带状干扰所致，道路即为其例。残存廊道由周围基质的干扰所引起，如森林采伐留存的带状林地。环境资源廊道由环境资源在空间上的异质性线性分布形成，如河流廊道。种植廊道由人工种植形成，如农田防护林、树篱等。

（三）基质

基质是土地上整个领域范围内面积最大、连通性最好的部分。基质可以是相同的景观元素，也可以是不同的景观元素，例如一个自然村庄、农田、草地、河流形成良好的生态循环整体系统。

这三种类型通过能量流、养分流和物种流发生相互作用。景观要素之间的各种流源于风、水和动物（包括人）的移动。

景观生态学是研究景观格局和景观过程及其变化的学科。衡量一个国家和地区发达与否，最重要的指标之一就是城市化的程度和城市生态文明的水平。因为城市是人口相对比较集中的地方，城市的生态环境更容易遭到破坏，所以，我们在景观设计中强调环境的生态保护与设计，应该与常规的环境设计有所区别，它是一种最大程度地降低对环境负干扰的设计，只做有限的"生态景观设计"。

二、生态美学

生态美学是在以环境为审美对象的环境美学理论框架下发展起来的。20世纪60年代后，全球范围内开始用新的思考方式来思考和应对对自然的改造和发展过程中产生的一系列环境问题，例如广告牌和废弃地对日常城市景观的破坏，大面积的采矿和砍伐森林对公共土地造成的掠夺等。生态美学是将系统的、跨学科的方法运用到环境规划与设计中，以确保将自然科学、社会科学与环境设计艺术结合起来。

在西方国家以风景美学为基础的系统的景观评估意见实施了40多年，运用景观审美特性，评估各种类型的景观，从荒野景观、森林景观到农业用地，再到城市公园。这个研究领域还提出了"审美——生态冲突"的状态，20世纪80年代生态应用领域，如景观生态学、恢复生态学，特别关注生态系统的健康和生物多样性，强调可持续性生态系统的美学。生态视野将环境视为一个相互作用、相互依赖、共同参与的各种因素构成的系统。

直到20世纪90年代，这些领域的研究观念与景观规划和设计领域相结合，产生了应用型生态审美观念，就是生态艺术与生态设计，使景观设计领域开始重点关注设计中的审美表现与生态可持续性之间的关系，并将生态美学的研究成果应用于景观感知与评估的实践和规划当中。建筑、景观和城市都是人居住的"环境"，都属于环境设计研究的对象，都可以与"生态设计"理念贯通起来。生态设计针对城市环境景观设计引入了道德、社会责任，以及关注整个人居环境生态系统的可持续发展的观念，其核心是趋向更深入地理解作为整体生态系统的环境问题。

概而言之，生态美学的研究对象是人类生存环境的审美要求，研究环境美感对于人的生理、心理的作用，进而讨论这些作用对人身体健康和工作效率的影响，涉及声学、色彩学、人体工程学、生态学、环境行为学、环境心理学、建筑学、景观设计学及城乡规划学等许多学科。

三、景观都市主义

景观都市主义（The Landscape Urbanism Reader）最早由美国学者查尔斯·瓦尔德海姆（Charles Waldheim）提出，他在其论文《作为都市研究模型的景观》（*Landscape as Urbanism*）中针对景观和景观都市主义的种种言论和实践构建了其理论体系。该思想是将景观作为理解和介入当代城市的媒介，认为景观取代了建筑，成为城市发展的基本单元。景观作为基本单元，不再像是蛋糕上装饰的樱桃角色，只是美化和点缀作用，而是融合了如建筑学、社会学、生态学、地理学、城市设计、市政工程、房地产开发等多个学科内容，它作为各种设计的交叉领域，对城市的阐释发生了重大转变，不断拓展研究边界。1997年，由查尔斯·瓦尔德海姆策划组织的景观都市主义研讨会和展览上，就预告了这门学科的统一、融合趋势，将"景观"与"都市主义"这两个词糅合在一起，强调从景观的视野理解都市化，这种理解模式在重视设计与文化表达及生态构成技术的同时，也注重空间组织的技巧与审美。

21世纪随着环境保护主义兴起和全球生态意识觉醒，以及休闲旅游持续增长、人们对保留区域独特性的需求和城市扩展对周边乡村区域的巨大影响等，众多开设环境设计风景园林设计专业的高等院校不仅研究介入场地规划、园林景观工程、植物绿化配置，还对场地、区域、生态系统、基础设施等进行理论基础研究，从而不断扩展景观的概念范畴。这种模式要求从景观的视野来理解都市化，在重视设计、文化表达及生态构成技术的同时，也注重大尺度的空间组织技巧。一些景观设计师摆脱了传统职业的界限限制，将其技巧拓展至复杂的都市功能和基础设施领域。由此，建筑、景观、城市设计和规划专业领域内的某些要素，已经开始融合成为一个共同的实践类型——景观都市主义。

景观设计学成为一个跨越多个学科的综合学科，景观成为洞悉当代城市的透镜，也成为重建当代城市的媒介。景观都市主义是在建筑师对当代围绕逆工业（De-industrialization）产生的种种经济、社会和文化转型的探索中应运而生的。特别是当前在城市发展进程中，如何处理遗留下来的不再实用的废旧工厂、建筑物或者构筑物等历史遗迹，在拆除还是保留的问题上，尤其是面临工业重新选址而遗留下来的大量经历废弃、污染并存在社会病症的场地时，景观都市主义思想具有一种新的适用性，它能够提供一种丰富的媒介来塑造城市形态，尤其是在复杂的自然环境、后工业场地以及公共基础设施等背景之下。城市建筑逐步成为商品化和复制化的消费产品，许多城市变得千城一面，这源于地方性和历史性的城市特色逐渐濒临消失，与此同时，许多工业化的城市人口也在逐渐减少，居民们逐渐在向周边分散。在许多发达国家，传统的密集城市形态不再被人们推崇，取而代之的是生活方式的改变，低密度的居住建筑，适用于小汽车出行的、被大面积绿化和公共空间所环绕的居住环境是更宜居的人居环境，这也是城市化发展的未来。

四、海绵城市理论

海绵城市（spongecity）是指城市能够像海绵一样，在适应环境变化和应对自然灾害方面具有良好的"弹性"，下雨时下垫面能有效地吸水、蓄水、渗水、净水，需要时又可适当地将蓄存的水"释放"并加以利用。要掌握海绵城市理论，还需要理解相关的基本概念。

（一）相关术语与概念

低影响开发（LID，low impact development）：指在城市开发建设过程中，通过生态化措施，尽可能维持城市开发建设前后水文特征不变，有效缓解不透水面积增加造成的径流总量、径流峰值与径流污染的增加等对环境造成的不利影响。

设计降雨量（design rainfall depth）：为实现一定的年径流总量控制目标（年径流总量控制率），用于确定低影响开发设施设计规模的降雨量控制值，一般通过当地多年日降雨资料统计数据获取，通常用日降雨量（mm）表示。

年径流总量控制率（volume capture ratio of annual rainfall）：根据多年日降雨量统计数据分析计算，雨水通过自然和人工强化的入渗、滞蓄、调蓄和收集回用，场地内累计一年得到控制（不外排）的雨水量占全年总降雨量的比例。

透水铺装率（proportion of permeable paving）：透水地面铺装占硬化地面的比例。

下垫面（underlying surface）：降雨受水面的总称，包括屋面、地面、水面等。

硬化地面（impervious pavement）：通过人工行为使自然地面硬化形成的不透水或弱透水地面，硬化地面不包括绿地、水面、屋顶等下垫面。

下沉绿地（depressed green）：低于周边地面标高，可积蓄、下渗自身和周边雨水径流的绿地。下沉式绿地分为狭义下沉式绿地和广义下沉式绿地，狭义的下沉式绿地指低于周边铺砌地面或道路 200mm 以内的绿地；广义的下沉式绿地泛指具有一定的调蓄容积（在以径流总量控制为目标进行目标分解或设计计算时，不包括调节容积），且可用于调蓄和净化径流雨水的绿地，包括生物滞留设施、渗透塘、湿塘、雨水湿地、调节塘等。

绿色屋顶（green roof）：在高出地面以上，与自然土层不相连接的各类建筑物、构筑物的顶部以及天台、露台上由表层植物、覆土层和疏水设施构建的具有一定景观效应的绿化屋面。

透水铺装地面（pervious pavement）：可渗透、滞留和渗排雨水并满足一定要求的地面铺装结构。

透水水泥混凝土路面（pervious concrete pavement）：由具有较大空隙的水泥混凝土作为路面结构层，容许路表水进入路面（或路基）的一类混凝土路面。

人工湿地（constructed wetland）：通过模拟天然湿地的结构，以雨水沉淀、过滤、净化和调蓄以及生态景观功能为主，人为建造的由饱和基质、挺水和沉水植被、动物和水体组成的复合体。

植草沟（grass swale）：可以转输雨水，在地表浅沟中种植植被，利用沟内的植物和土壤截留、净化雨水径流的设施。

生物滞留设施（bioretention）：在地势较低的区域通过植物、土壤和微生物系统滞蓄、净化雨水径流的设施，由植物层、蓄水层、土壤层、过滤层构成。例如雨水花园、雨水湿地等，生物滞留设施是下沉绿地中的一种。

（二）海绵城市规划设计目标

海绵城市规划设计目标应包括年径流总量控制目标、面源污染物控制目标、峰值流量控制目标、内涝防治目标和雨水资源化利用目标。海绵城市规划设计宜开展水生态、水环境、水安全、水资源等方面的专题研究，提出合理的目标取值。海绵城市的规划建设应贯彻自然积存、自然渗透、自然净化的理念，注重对河流、湖泊、湿地、坑塘、沟渠等城市原有生态系统的保护和修复，强调采用低影响的开发模式。低影响开发的各类工程措施之间应有效协同，尽可能多预留城市绿地空间，增加可渗透地面，蓄积雨水宜就地回用。低影响开发的各类工程设施应与雨水外排设施及市政排水系统合理衔接，不应降低市政雨水排放系统的设计标准。低影响开发的各类工程设施应与周边环境相协调，注重其景观效果。低影响开发设施的规划设计应与项目总平面、竖向、园林、建筑、给排水、结构、道路、经济等相关专业相互配合、相互协调，实现综合效益最大化。海绵城市低影响开发过程中应注意对化工产品生产、储存和销售等面源污染特殊地块的专门控制，避免特殊污染源对地下水、周边水体造成污染。

（三）海绵城市关于景观设计的相关指引

1. 建筑与小区场地海绵性设计

场地海绵性设计应因地制宜，保护并合理利用场地内原有的湿地、坑塘、沟渠等；应优化不透水硬化面与绿地空间布局，建筑、广场、道路宜布局可消纳径流雨水的绿地，建筑、道路、绿地等竖向设计应有利于径流汇入海绵设施。建筑海绵性设计应充分考虑雨水的控制与利用，屋顶坡度较小的建筑宜采用绿色屋顶，无条件设置绿色屋顶的建筑应采取措施将屋面雨水进行收集消纳。小区绿地应结合规模与竖向设计，在绿地内设计可消纳屋面、路面、广场及停车场径流雨水的海绵设施，并通过溢流排放系统与城市雨水管渠系统和超标雨水径流排放系统有效衔接。当上述设计不能满足规划确定的低影响开发指标时，还应进行低影响设施的专项设计，按照所需蓄水容积或污染控制要求，合理设计蓄水池、雨水花园、雨水桶及污染处理设施。

2. 城市道路海绵性设计

城市道路海绵性设计内容包括道路高程设计、绿化带设计、道路横断面设计、海绵设施与常规排水系统衔接设计（图1-29）。当城市道路（车行道）径流雨水排入道路红线内、外绿地时，在低影响开发设施前端，应设置沉淀池（井）、弃流井（管）等设施，对进入绿地内的初期雨水进行预处理或弃流，以减缓初期雨水对绿地环境及低影响开发设施的影响。城市道路低影响开发设施（海绵体）的选择应以因地制宜、经济有效、方便易行为原则，在满足城市道路基本功能的前提下，达到相关规划（或上位依据）提出的低影响开发控制目标与指标要求。新建、改扩建城市道路设计车行道、人行道横坡应优先考虑坡向海绵体绿地、绿化带。

城市道路径流雨水应通过有组织的汇流、转输、截污等预处理后引入道路红线内、外绿地（绿化带）内，并通过设置在绿地内的雨水渗透、储存、调节等为主要功能的低影响开发设施（海绵体）进行处理。城市道路低影响开发设施应根据项目总体布置、水文地质等特点进行选用，主要设施如下。

（1）渗透设施：包括透水砖铺装，下沉绿地，简易型、复杂型生物滞留设施（如生物滞留带、雨水花园、生态树池等），透水水泥、沥青混凝土路面；渗井等。

（2）储存设施：包括雨水湿地、湿塘等。

（3）调节设施：包括调节塘、调节池等。

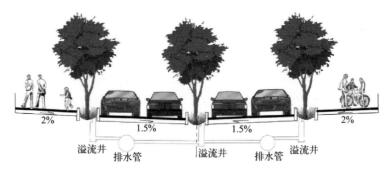

图 1-29　城市道路海绵性设计典型断面示意（刘尤冰心绘制）

（4）转输设施：包括植草沟（干式、湿式、转输型）、渗管、渗渠等。

（5）截污净化设施：包括植被缓冲带、初期雨水弃流设施（池、井）等。

3. 城市绿地与广场海绵性设计

城市绿地与广场海绵性设计对象包括公园绿地、防护绿地及广场用地。公园绿地的海绵性措施选择应以入渗和减排峰为主，以调蓄和净化为辅。防护绿地的海绵性措施选择应以入渗为主，净化为辅。广场用地的海绵性措施选择应以入渗为主，调蓄为辅。在满足相关设计规范及自身功能条件下，选择适宜于城市绿地的海绵措施及设施，主要设施如下。

（1）透水铺装。城市绿地内的硬化地面应采用透水铺装入渗，根据土基透水性可采用半透水和全透水铺装结构。城市绿地中的轻型荷载园路、广场用地和停车场等可采用透水铺装，人行步道必须采用透水铺装。新建、改建公园、防护绿地和城市广场透水铺装率应满足以下要求：新建公园透水铺装率应不低于55%，改建公园透水铺装率应不低于40%；新建防护绿地透水铺装率应不低于60%，改建防护绿地透水铺装率应不低于45%；新建城市广场透水铺装率应不低于50%，改建城市广场透水铺装率不宜低于40%。非透水铺装周边应设有收水系统或渗井。

（2）下沉式绿地。下沉式绿地设计应符合下列要求：宜选用耐渍、耐淹、耐旱的植物品种；下沉深度应根据土壤渗透性能确定，一般为100～200mm；绿地内应设置溢流口（如渗井），保证暴雨时径流的溢流排放，溢流口顶部与绿地的高差不宜超过50mm；与硬化地面衔接区域应设有缓坡处理；与非透水铺装之间应做防水处理。

防护绿地应根据港渠、道路、高压走廊等不同防护用地类别，确定是否采用下沉式绿地。改造项目应根据防护类型、现有植物品种等因素确定具体下沉深度。广场用地宜选用下沉式绿地，但需与硬化地面及溢流设施相结合。

4. 城市水系海绵性设计

城市水系海绵性设计对象包括城市江河、湖泊、港渠。城市水系海绵性设计内容包括水域形态保护与控制、河湖调蓄控制、生态岸线、排口设置，以及与上游城市雨水管道系统和下游水系的衔接关系。

滨水带绿地空间宜选择湿塘、雨水湿地、植被缓冲带等措施进行雨水调蓄、消减径流及控制污染负荷；滨水带步行道与慢行道应满足透水要求；滨水带内的管理建筑物应符合绿色建筑要求。

驳岸的设计中，江河、湖泊、港渠的岸线平面曲线应具有自然性与生态性。城市江河宜选用安全性和稳定性高的护岸形式，如植生型砌石护岸、植生型混凝土砌块护岸等。对于流速较缓的河段可选用自然驳岸。城市湖泊、港渠设计应采用生态型护岸形式或天然材料护岸形式，如三维植被网植草护坡、土工织物草坡护坡、石笼护岸、木桩护岸、乱石缓坡护岸、水生态植物护岸等。

$\boxed{第二章}$

景观设计的构成要素与法则

第一节　景观设计的具体要素

一、地形地貌

在测量学中，地表呈现出的起伏状态叫做地貌（图 2-1），如山地、丘陵、盆地、平原等。地表分布的固定物体称为地物，如河流、森林、道路、居民点等。地貌和地物统称为地形。景观设计师要从地形地貌的诸多特征中总结出其主要特征，即对设计项目影响最大的特征，并分析、研究其对应的空间特征，确定其适合塑造成什么样的空间场地。

在传统造园方法中，"相地"是十分重要的，也就是详述园地的勘察选择，包括环境和自然条件的评价，地形地势和造景构图关系的设想，内容和意境的规划性考虑等。园林的地基不受方向的限制，地势也可以任其高下起伏。进入园林就应有山水的趣味，景观都得随自然的地形，要么与山林相依，要么与河沼相连。要想在临近城郭处获得妙景，应远离四通八达的交通要道；要想在乡村田园得到幽静胜景，则要借用高低起伏的丛林。在村庄建造园林，要眺望田园，在城郭建造园林，则要便于居家。新建园林，宜先开出地基，同时移栽杨林和竹丛；旧有的园林可以巧妙地翻新改造，自然就可以巧用原有的古树和繁花。园林的布局要利用天然的地势，当方则方，当圆则圆，当偏则偏，当曲则曲。长而弯曲的地形可以设计成圆环碧玉状，开阔的斜坡可以设计成层层错落的铺云状。高的地势可以在其高方处修筑亭台，低凹处可以就其低洼开掘池塘。园林建筑的位置贵在靠近水面，确定地基要先探察水源，既要疏通水的出口，又要察明水的源头。紧邻溪流的开阔之地，适合架设虚阁以远眺游憩，借照天光的夹巷，房廊应当可以通度。倘若有他处的胜景嵌入，只要有一线相通，就不要隔绝，即使偏一些，也要借用。对面邻家园子里的花草，即使只露出几分，也足够生情，感受

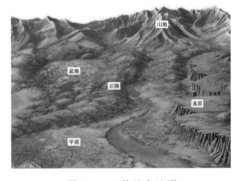

图 2-1　五种基本地形

到无限春光。架一座小桥可以沟通隔水，这样也便于在僻静处构筑馆舍；用乱石垒砌围墙，也能有山居的感觉。假如有多年的老树靠近建筑，妨碍挑檐和砌墙，不妨把建筑物退一步，以保护树木。砍掉一些枝桠，不会妨碍顶芽生长。这就是所谓的雕栋飞檐容易修建，而挺拔玉立的槐荫古树却难长成。总的来说，选择的地形如果合宜，营造的园林自然得体。

一般情况下，环境中的地形可以分为以下几类。

1. 平地

这类地形起伏不大、坡度很缓。地形变化不足以引起视觉上的刺激，围合感不强，这类地形往往需要适当改变原有的地貌，在场所中增加鲜艳的色彩、体量巨大或者造型夸张的构筑物、雕塑来增加趣味性，形成视觉焦点，或者通过构筑物强调地平线和天际线的水平走向，增强视觉冲击力，也可以通过植物等要素来划分物质空间，以丰富空间形态。

2. 凸形地貌

凸形地貌指凸起的地貌，如山丘和缓坡，相对于平地而言，有动感和变化，在一定区域内形成视觉中心，人的视觉有了向上或者向下的方向引导 [图 2-2(a)]。此类环境空间中，高出的构筑物往往成为视觉焦点，成为一个区域的标志。景观设计师在设计时要考虑环境中建筑物和构筑物的形态特征和特色。

3. 凹形地貌

凹形地貌具有一定尺度的闭合效应 [图 2-2(b)]。这类空间环境在一定尺度上容易被识别，给人带来稳定感和安全感。景观设计师可以充分利用场地高差层次来增加空间趣味性和层次感，提高环境空间品质。

地形可以带来景观特色，地形与空间关系中可以利用地形高差达到视线隔离、人流交通分离的目的，创造相对独立的空间氛围（图 2-3）。

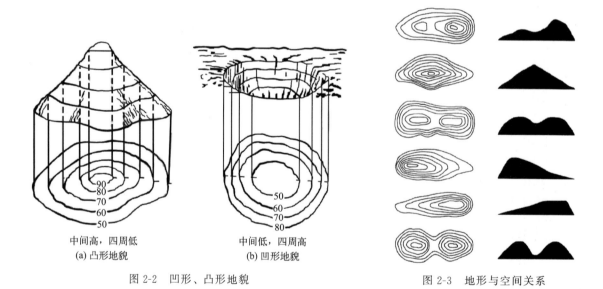

中间高，四周低
(a) 凸形地貌

中间低，四周高
(b) 凹形地貌

图 2-2　凹形、凸形地貌

图 2-3　地形与空间关系

二、构筑物

构筑物一般指环境中的廊架、景墙、门厅、亭子、景桥、围墙以及其他用于观赏的景观建筑等（如图 2-4），它们具有不同的功能，是功能性与艺术性结合的产物。构筑物艺术风格要与整体环境协调，在环境中起到画龙点睛的作用（如图 2-5 和图 2-6）。构筑物不同于建筑物，它不是用来居住的，在景观中往往是起到围合、观赏或者其他实用功能的。

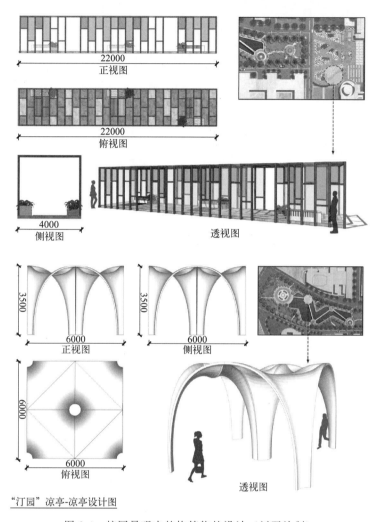

"汀园"凉亭-凉亭设计图

图 2-4　校园景观中的构筑物的设计（刘磊绘制）

图 2-5　美国威斯康星州某休闲度假区的旅游景观中的巨型构筑物（作者自摄）

图 2-6　园林景观中的构筑物

三、公共设施

公共设施包括休息设施、阻拦设施、照明设施、服务设施、无障碍设施等。这些设施在设计中要注意其位置、大小尺度、材质、色彩、风格与整体环境协调一致。

1. 休息设施

休息设施包括各类型的休息座椅（图 2-7～图 2-11）等。

2. 阻拦设施

阻拦设施包括车挡、栏杆、围墙、花坛等。

3. 照明设施

照明设施包括高杆景观灯柱、草坪灯、氛围灯等（图 2-12）。

4. 服务设施

服务设施包括垃圾桶、饮水机、自动售货机、停车架、标示牌、指示牌、书报亭等。

图 2-7　美国麻省理工学院校园景观设施——
休息座椅和分类垃圾桶（作者自摄）

5. 无障碍设施

无障碍设施是为行动不便的残障人士或者老年人设计的通道和设施（图 2-13 和图 2-14）。例如场地中的残疾人坡道，主要解决垂直交通带来的不便，一般坡道宽度不小于 2m，最大坡度为 6％，至少一侧设置有扶手；人行道上设置盲道；公共卫生间设置残疾人使用的卫生间设施。所有无障碍设施要符合国家规范要求等。

图 2-8 美国哈佛大学校园景观休息服务设施——休息座椅（作者自摄）

图 2-9 美国威斯康星大学麦迪逊主校区校园花坛与休闲座椅设施（作者自摄）

图 2-10 美国芝加哥城市公园休息座椅（作者自摄）

图 2-11　美国麦迪逊小镇商业街区公共休闲座椅（作者自摄）

图 2-12　2014 年中国香港新
城市广场灯光设施

图 2-13　美国芝加哥海军码头公园无障碍
设施中的户外楼梯扶手（作者自摄）

图 2-14　美国威斯康星大学麦迪逊主校区校园景观无障碍设施（作者自摄）

四、景观小品

景观小品是环境构成中的重要因素，根据环境艺术风格不同，可设置多种题材，有抽象、具象、平面、立体等多种造型形式（图 2-15）。小品往往是环境中的焦点和主题，起到画龙点睛的作用（图 2-16）。

图 2-15　美国麻省理工学院校园景观雕塑（作者自摄）

图 2-16　各种景观小品为环境增加艺术氛围

五、道路

作为环境中连接人与人、人与环境、环境与环境的具体形式（图 2-17），道路在景观设计中非常重要。环境中的道路按照主次级别及功能，可以分为主干道、次干道、人行步道、园林小道、栈道等，根据不同的级别，要把握好道路的宽度和长度设计。

景观设计中的道路起着组织空间、联系交通、提供散步场所的作用。景观道路在设计时要注意以下几个要点。

（1）回环性。即要保证道路的四通八达（图 2-18）。

（2）主次性。即景观道路根据其功能要有主次之分，还要有疏密性。场地的规模、性质决定了道路的疏密，一般道路总面积不超过总用地面积的 10%。

（3）景观性。景观中的道路的主要作用就是将各个景观节点连接起来，因此要把游览路线、景观节点的位置、观赏视线考虑进去。

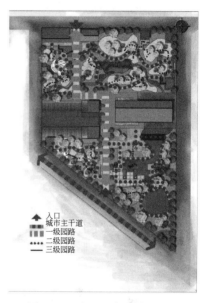

图 2-17　平面图中的道路图例

图 2-18　某城市开放空间中景观道路的回环性

（4）曲折性。根据环境心理学的原理，观景过程中应充分考虑人具有"探幽"的心理需求，游览路线的蜿蜒起伏、曲折有致更能引起兴趣，做到"路因景曲，境因曲深"。

（5）多样性。即观景道路应有多种功能。人群聚集处可为大空间停留休闲场地，建筑周围的路可为连廊，遇山路可为石阶、盘山道，遇水路则可转化为景观桥、汀步、栈道，林间或草坪边的路可转化为步石（如图 2-19）。

图 2-19　景观中的道路

六、植物

植物是环境景观中必不可少的要素，不论空间大小、性质如何，景观设计几乎都离不开场地植物的设计。景观设计中可以将植物分为乔木、灌木、草本、地被植物、水生植物等类型，这几类植物在高度上大致是依次递减的。

（一）植物造景的基本形式

植物造景的基本形式一般分为三种类型：规则式、自然式与混合式。

1. 规则式

规则式是指园林景观植物配置从平面形式看呈现出几何形状或者有规律的图案形状，植物成行、成列等距离排列种植，或者有规律的简单重复。规则式又分为对称式和不对称式。对称式的形式特征是完全规则式布局，往往有明显的对称轴线和中心，主次空间明确。例如法国古典园林的基本形式就是典型的对称式（如图 2-20）。对称式的布局通常有庄严肃穆、庄重典雅、端庄大气的视觉效果，故而这种形式一般用于设计正式的场所，例如市政广场、纪念性园林、大型建筑物周边景观、主入口等。但是，对称式往往显得呆板压抑。不对称式的平面布局不完全对称，没有明显的对称轴线和中心，但是景观布局遵循一定的构图规律，在一些较为正式的场地应用比较多，例如城市广场、街头绿地、大型公园的中心景观节点布局（如图 2-21）。

2. 自然式

自然式又称不规则式、风景式，是指植物的布局没有明确的轴线，植物的分布自由变化，没有一定的规律性。植物的形态大小不一，充分表现树木的自然生长姿态，不求人工造型。通常表现出生动活泼、清幽宁静、自然婉约的景观效果。例如中国传统园林中的私家园林就是典型的自然式布局。自然式植物配置通常用于庭院、综合性休憩公园、小游园、居住

图 2-20 西方花园植物景观的对称式布局

图 2-21 对称式布局和不对称式布局（刘尤冰心绘制）

区绿地等（如图 2-22）。

3. 混合式

混合式是规则式与自然式结合产生的布局形式，通常是植物群落景观。规则式的整洁优雅与自然式的自然清新结合，整体性效果好，且丰富多彩、变化无穷，达到既有人工美，又有自然美的景观效果（图 2-23～图 2-25）。

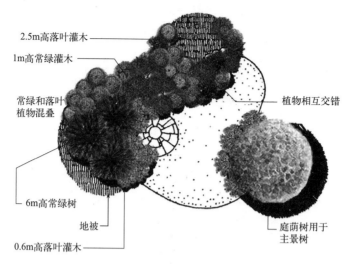

图 2-22　自然式植物搭配（刘尤冰心绘制）

2.5m高落叶灌木

1m高常绿灌木

常绿和落叶植物混叠

植物相互交错

6m高常绿树

地被

0.6m高落叶灌木

庭荫树用于主景树

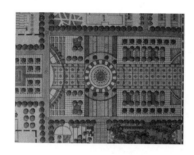

图 2-23　某校园入口景观总体布局平面图

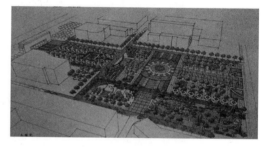

图 2-24　成都 Hyperlane 超线公园展示区设计

1株

2株

3株

5株

树群

树林

图 2-25　混合式植物设计

图 2-26　植物的组合方式和景观形态（刘尤冰心绘制）

（二）植物造景的类型

按照植物造景类型分类可以将植物分为木本植物造景和草本植物造景。

1. 木本植物造景

木本植物通常是指各类园林树木，包含乔木、灌木、木质藤本等。按照植物的组合方式和景观形态可以分为孤植、对植、树列、树阵、树丛、树群、树林、造型树、绿篱等（如图2-26）。

2. 草本植物造景

（1）草花植物造景。草本植物造景包括草花、草坪、蕨类与苔藓植物造景等。草花植物配置通常着重表现植物群体的色彩美，形态组合错落有致，具体形式有花坛、花境、花台、花池、花箱、花钵、花丛等（图2-27～图2-29）。

图 2-27　美国威斯康星大学麦迪逊校园 Botanical Garden（植物园）中的
各类草本植物组成的花台、花钵、花境（作者自摄）

图 2-28　2019 年深圳大湾区仙湖植物园花展中的植物花钵、花池（作者自摄）

图 2-29 2019 年深圳大湾区仙湖植物园花展中的植物主题花境（作者自摄）

（2）草坪植物造景。草坪植物造景主要利用一些适应性较强的禾本科植物进行人工培育成块状或者片状草毯后进行种植，常用的草坪植物有结缕草、狗牙根、麦冬、野牛草、假俭草、地毯草等品种，可分为观赏型草坪、游憩型草坪、运动型草坪、护坡型草坪。一般情况下，草坪常常会和其他植物造景形式以及构筑物一起构成开阔疏朗的景观空间（如图 2-30）。

图 2-30 2019 年深圳大湾区仙湖植物园花展——草坪与花境结合的园林空间（作者自摄）

（3）蕨类与苔藓植物造景。运用蕨类、苔藓类、多肉类植物进行造景，能够营造自然素朴、幽深宁静的自然环境。这类造景对场地的自然环境要求较高，多用于林下或者阴湿的环境中（图 2-31）。

（三）植物造景设计

1. 孤植

孤植通常又称为孤景树，顾名思义就是一株独立种植的园林植物（图 2-32）。通常选用个体树木形态美和色彩美的树种，具有视觉艺术效果和意境营造效果，同时还需具有遮阴功能。它往往作为景观构图中的主景，与周围景物不是完全没有联系，而是与周围景物具有内在联系，在体量、树姿、色彩、方向等方面与周围景物能够形成对比统一关系（如图 2-33）。孤植树的树种有雪松、香樟、凤凰木、悬铃木、榉树、枫杨、皂荚、重阳木、乌桕、广玉兰、桂花、银杏、紫薇、垂丝海棠、樱花、红叶李、石榴、白玉兰、碧桃、鹅掌楸、杜仲、朴树、蜡梅等。

图 2-31　美国威斯康星大学麦迪逊 Botanical Garden（植物园）中苔藓类、多肉类植物造景（作者自摄）

图 2-32　植物造景中的孤植主景树

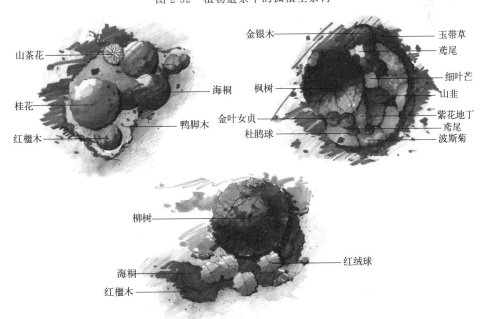

图 2-33　桂花、枫树、柳树作为植物组团里的主景树与周围植物形成对比关系（刘尤冰心绘制）

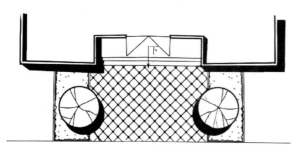

图 2-34　对植的平面布局（刘尤冰心绘制）

2. 对植

对植一般是按照一定的轴线关系均衡地将两株树种进行组合的布局形式（图 2-34）。对植树的配置一般会对景观设计起到夹景的效果，烘托主体景观，或者增强前后景观的层次感和纵深感。一般选用形态美观、树冠整齐、树叶美丽的树种或者人工修剪整齐的造型树。对植一般运用在建筑、公园、广场、庭院的入口两侧。常用的树种有龙柏、雪松、苏铁、棕榈、碧桃、桂花、海桐、垂丝海棠等。

3. 丛植

在植物造景中，乔木经常搭配灌木和地被植物来形成组团，营造良好的竖向空间效果，通常称之为树丛，树丛的设计是由多株树木做不规则距离组合种植，形成具有整体景观效果的树木群体。乔木在空间尺度上较大，有明显的主干和高分枝的特征，树姿优美，往往可以成为环境中的主景树。当多株植物进行配置形成树丛时，往往需要遵循一定的构图法则，如图 2-35 和图 2-36 所示。

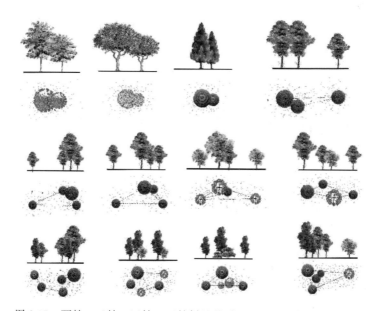

图 2-35　两株、三株、四株、五株树丛的平面配置（刘尤冰心绘制）

4. 列植

列植通常是指植物成行成列的连续种植，常常呈现出带状分布结构，通常用于建筑周边环境、路边、滨水河边等场地（如图 2-37）。

（四）植物空间设计

植物空间设计源于整体景观结构的布局，即通常上所说的结构性景观布局。它主要基于总体景观意向需要和整体美学原则的需要来构筑景观框架，植物作为配景可起到连接空间、分隔空间、形成空间的功能。

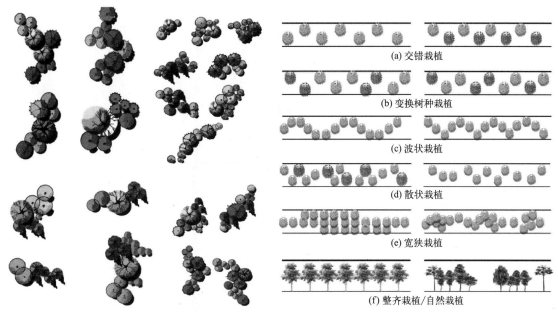

图 2-36 树丛的平面组合表达　　　图 2-37 列植平面布局（刘尤冰心绘制）

图 2-37 中各项说明：
(a) 交错栽植
(b) 变换树种栽植
(c) 波状栽植
(d) 散状栽植
(e) 宽狭栽植
(f) 整齐栽植/自然栽植

1. 连接空间

景观植物不仅具有调节气候、净化空气的生态功能，还能满足源于景观美化设计上的功能需求，比如，整体上布局安排植物以连接建筑、景物之间的关系，使得景观线、景观点统一起来（如图 2-38）。

如果某个视角需要软化，某些地方需要增加色彩或层次的变化等都可以使用植物。而且还可以利用植物景观的上、中、下的层次关系来营造空间关系，或者围合空间，抑或引导空间走向（如图 2-39）。

2. 分隔空间

植物景观类型的选择与布局源于功能的需要，即通常上所说的功能性景观布局，比如某个地方需要遮阴，某个地方需要用密林阻挡外部视线或隔离噪声，这是景观类型的选择与布局的基本考究。植物常常也和室内外的景观设施结合来营造空间。有时也会源于其他特殊的需求，例如分隔空间保证一定私密性的需求，或者景观布局过渡需要将空间分为大小两个，或者强调引导人进入空间，如图 2-40 所示。

美国威斯康星大学麦迪逊主校区校园屋顶花园景观就是用植物花坛与休闲设施结合营造非正式学习空间（图 2-41）。植物花坛既有净化空气的功能，又是装饰植物，也是分隔空间的竖向屏障，引导人流走向，同时保证休闲学习空间的私密性。

3. 形成空间

在室外空间中对植物景观进行设计时，需要对乔木、灌木、地被植物进行合理选择，采取适当的组合配置方法，通过不同尺度的上、中、下复层混交搭配，达到乔木、灌木、草本植物在竖向空间中主次分明、疏朗有致的植物配置效果（图 2-42）。此外，景观设计师还需要结合周围环境的地形地貌，来对相应空间效果形成具体场地设计。如果园林区域为全开放性的，可采用小尺度植物来进行配置，以避免空间开阔性给视觉效果造成不利影响；当空间采用半开放性设计时，应主要采用小尺度植物为主营造开放空间，大尺度植物为辅营造局部闭合空间，大小结合适当搭配到部分区域；当场地空间需要营造为全覆盖型时，可采用大尺度植物为主进行配置。在对园林景观中植物空间尺度进行控制时，需采取阔叶类的大乔木，例如梧桐树来进行顶部覆盖，因为这类型大乔木树冠大、树叶较为浓密，且开枝空间大，因此可起到良好的顶部空间的围合覆盖效果。在进行广场与大通道设计时，应利用大尺度苗木来进行搭配，在对景观亭子、休闲廊架、景墙等构筑物设计时，可将小尺度灌木与乔木配置在四周，以此确保不同空间与不同尺度规格的苗木能够合理组合利用。在对树木高度进行空间尺寸控制时，还要采取高低交错或纵横有致的搭配手法，达到理想的景观效果。如果景观空间中部分区域不适宜外露，则可以通过植物配置起到遮蔽视线的功能，比如采光井或配电室等影响景观美感的设施，可利用密植常绿乔、灌木组合形成屏障，以达到遮蔽视线的目的，从而确保区域不可达性，可有效规避人群接近该区域。

图 2-38　植物的围合及连接空间作用（刘尤冰心绘制）

图 2-39 利用植物层次引导空间走向

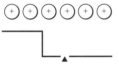

➤ 现状环境

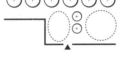

➤ 延伸至道路边界的两个小空间

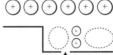

➤ 延伸至建筑边界的两个小空间

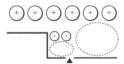

➤ 小的私有空间，在大的公共空间之前

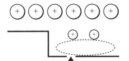

➤ 分隔为公共和半私密的区域(没有强调入口)

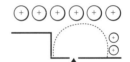

➤ 大的、邀请性的空间，没有强调入口

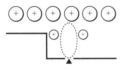

➤ 入口附近的公共空间，有邀请的意味

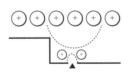

➤ 街道边的空间，封闭私密的入口，强调入口，但没有邀请性

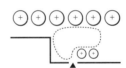

➤ 标明入口的连贯空间

图 2-40 利用植物设计引导或者分隔空间

图 2-41

图 2-41　美国威斯康星大学麦迪逊主校区教学楼校园屋顶花园景观（作者自摄）

1—圆灌阔叶大乔木；
2—高塔型常绿乔木；
3—低矮塔型常绿乔木；
4—球类常绿灌木；
5—小乔木；
6—树形灌木；
7—团形灌木；
8—可密植成片的灌木；
9—普通花卉形地被；
10—长叶形地被

图 2-42　植物景观设计中乔木、灌木、草本植物的上下层次、空间开合关系（刘尤冰心绘制）

七、铺装

　　铺装是景观工程中不可缺少的部分，通过地面铺装设计来表现景观风格和特色（图 2-43～图 2-47）。地面铺装具有实用功能，也具有装饰性。在对景观空间进行铺装设计时，遵循大自然的空间秩序，并结合铺装材料的特性，运用于不同的场所。铺装设计在于将不同景观效果赋予不同的场所，各种铺装材料具有不同特点，例如肌理质感、色彩调性、透水性、防滑性、性格感。景观设计师需要根据实际情况选择适宜的铺装材料，选择材质、色彩时，如果是用于同一个场地，则需要确保材质与色彩能够形成统一的视觉效果。每种铺装材料因其面积大小、色彩、形态、质感、渗水性、抗压强度、工程造价不同，所用的场地也有差异。铺装设计可以营造空间气氛，也可以展示一个设计作品的艺术格调。铺装材料按材质分有以下几类。

　　（1）沥青铺装。沥青铺装价格成本较低，耐磨、抗压性好，但色彩单一、缺乏视觉美感，故而常规大面积使用于车行道、停车场等场地。

　　（2）混凝土铺装。混凝土铺装的优点是造价低、牢固、可塑性强但色彩较为单调，景观设计师常将其经过改良与其他材料结合，以特殊工艺处理形成独特的艺术效果。

（3）石材铺装。花岗岩、青石板等质地坚硬、纹样肌理丰富的材料，常常作为踏步、人行道的铺装，可营造较好的艺术氛围。

（4）砖砌铺装。砖砌铺装的抗压性差，渗水性和防滑性较好，多用于居住区、商业步行街、校园、公园的步行道。

（5）卵石铺装。卵石色彩丰富、形态美观，常常可以起到艺术装饰效果，可作为道路边缘的装饰铺装，同时也可以作为防滑道路的铺装，如园林小路、休憩空间步行道，常用于庭院、公园等户外空间，另外也常与水景结合使用。

（6）PC 砖铺装。PC 砖色彩丰富、视觉效果好，并符合国家节能减排和可持续发展的战略方针，它结合了彩色混凝土砖、大理石和花岗岩的优势，近几年作为景观中的新型铺装材料得到广泛应用。PC 砖英文全称是 Prefabricated Concrete，缩写为 PC，意思是"预制混凝土结构"。PC 砖也因高性价比、节能、环保、降耗等优势受到开发商的青睐，在日本和中国香港已经得到广泛应用，并成为两地工业化住宅市场的主流。PC 砖产品在景观中主要用于景观道路、景观墙、景观小品、商业广场、市政道路等。PC 砖取代传统的水泥砖和石头，可以实现石头般的铺砌和低成本的景观建设，从而降低成本和提高效率。

除了以上常用铺装材料外，景观设计和施工中还可以使用新型园林材料，如清水混凝土、玻璃砖、风化钢板、板岩、石笼挡土墙、竹材料、玻璃镜面、玻璃钢等材料。目前在乡村景观改造过程中，也常常选用当地容易获得且经济的本土材料，例如河石、火山石、夯土等，往往还可以营造出具有乡土景观特色的效果。景观设计师也可以将多种材料混合，创作新的视觉效果和别具一格的景观作品。

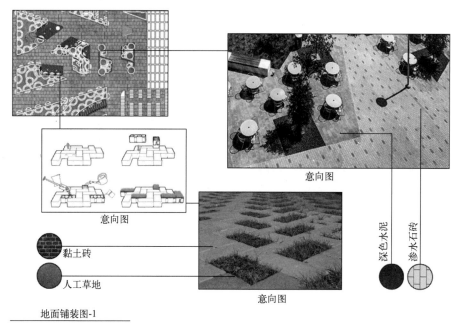

图 2-43　地面铺装设计

另外，景观设计师往往也可以因地制宜、就地取材，选用当地具有特色的材料，一方面可以节约运输成本和工程造价，另一方面也可以彰显当地的景观特色。特别是在具有乡土特

图 2-44　砖、卵石、石材铺装

图 2-45　美国威斯康星州麦迪逊某居住区别墅庭院入口铺装——
草地结合石材、混凝土块、鹅卵石、碎石铺装（作者自摄）

图 2-46 PC 砖铺装

图 2-47 某居住区 PC 砖铺装设计

色的乡村地区，当地的传统建筑材料往往可以成为该地区景观改造更新中必不可少的材料（图 2-48）。例如河南省龙韵村乡村振兴中运用当地的石材、老木材营造具有当地民居特色和生活场景的新村落（图 2-49）。

图 2-48 浙江省环溪村落景观更新改造中运用当地的河石及青石板铺地（作者自摄）

图 2-49

图 2-49　河南省龙韵村乡村振兴中运用当地的夯土、石材、
老木材营造具有乡土特色的新乡村景观（作者自摄）

八、水体

古人说"仁者乐山、智者乐水"，人天性中的亲水性使水景成为景观空间的点睛之笔，水景包括自然状态下的水体，如大自然中的江河、湖泊、瀑布、池塘、溪流、山涧（如图 2-50）。

图 2-50　浙江省富春江美丽的自然水景（作者自摄）

在中国传统园林造景中，理水追求模仿自然界的景致，山水相依构成园林，无山要叠石堆山，无水则要挖池取水，逐步形成了中国传统园林崇尚自然山水的景观格局。理水就是对景观中水体的设计，具体包括对水的来源，水面形态与面积，水中植物、倒影、游鱼，以及水与周围所有其他景物关系的设计与处理。水景的细部处理也非常重要，例如水口、驳岸、石矶、汀步，水中、水边的植物配置，以及和水景相关的景观小品装饰。

水景有动与静之分。大自然中的瀑布、溪流及泉水等，既让环境变得生动活泼、有灵气，同时流动的水流声增加了场所中的生气（如图 2-51 和图 2-52）。景观设计中可利用水源与水面的高差形成瀑布景观；还可以设计成叠水景观，强化水流的涌、流、喷、注、滴等动态特征，营造出多维生动的景

图 2-51　自然景观的水体——
尼亚加拉瀑布（作者自摄）

观环境。静态的水景，如大面积的镜面般的湖水，可映照出周围的桥影、天色景物及环境变化，别有一番开阔疏朗之美。风景园林中的静态湖面多设置堤、岛、桥、洲等，目的是划分水面，增加水面的层次与景深，扩大空间感，也可以增添园林的景致与趣味（图2-53）。

图 2-52　自然中的河流、溪流——浙江省环溪村自然景观（作者自摄）

图 2-53　美国威斯康星大学麦迪逊主校区校园静态水景——曼多塔湖（作者自摄）

现代景观设计中，人工水景有喷泉（图2-54）、旱喷（图2-55）、跌水（图2-56）、池水（图2-57）等。景观设计师可以根据场地需要设计合适的水景。人造水体一般不宜过大，便于后期维护，水景设计中应该尽量利用原有场地中的水资源，以节约投资和运行成本，改善局部生态，利用天然的水资源，遵循经济节约和绿色环保的设计理念。

图 2-54　人工式水景——喷泉　　　　　　图 2-55　人工式水景——旱喷

图 2-56　自然式水景——跌水　　　　图 2-57　人工式水景——镜面池水

第二节　景观设计的构成法则

一、景观设计的构成形式

　　景观设计是一门实用的造型艺术，景观空间由各种形式抽象的形态来构成实体空间和具体形态，因此在设计中我们必须掌握构成形式方法及形式美的法则。设计学专业必修课中的三大构成方法包括平面构成、色彩构成、立体构成，平面构成的历史是百年来几何抽象的历史，可从平面构成的美学角度去理解园林设计，其理论有利于园林的设计、组织。这种构成方法教会我们从二维空间到三维空间中如何去认知美的法则和原理。平面构成理论中的点、线、面是抽象造型的基础，这些抽象元素都可以在园林设计中找到原型。要学会将这部分知识运用于景观平面设计之中。景观设计中的点、线、面的抽象构成使得场地空间变得有序，点、线、面相结合可营造出丰富的景观空间层次。

　　如果我们把景观设计各个元素进行分类，可归纳为点、线、面、形体、运动、色彩和质地等与我们可以看见的"视觉"形态有关，另外还有声音、气味、触觉等和我们不可见的"感觉"系统有关。

（一）点

　　点（图 2-58）是造型领域中最小的视觉单位，抽象概念中的点是没有面积大小、没有运动方向、没有形态形状，只有在平面中的位置。点是塑造形象的基本要素。在园林景观中，点通常是最小的景观单位，以"景点"的形式存在。景观节点中的一个花坛、一个水池、一个亭子、一棵点景树都可构成空间中的"景点"。点具有相对性，景点在整个园林景观中就是一个抽象元素，可以是圆形的点，也可以是方形的点，还可以是不规则形态的点，它是从美学角度出发抽象出来的一个最小的单元。景观设计中的"点"没有大小，但可以在场地空间中标注位置，它的位置、面积大小不同造成的感受也不同，可形成不同的景观节点和景观格局。在景观设计中，为了突出设计的主题或者丰富景观的内容，可人为创造一些中心景观节点或者标志性视觉中心点。例如景区中的入口、广场中心雕塑、小品、喷泉或者景观树阵等，这些景观元素由于所处的位置不同，给人的心理感受也不尽相同。不同主题的景观节点通常要结合道路的设计形成游览的空间序列，通常景观节点是视觉的焦点和构图的重点，景观功能上要引起人的注意，起到画龙点睛的作用，是整个设计风格和景观主题的外在体现。

此外，点在景观设计中的应用范围很广，点的位置、面积大小、形态都会对整个景观平面布局的重心、构图形式有很大的影响。

图 2-58　点元素在景观设计中的应用

（二）线

线是点运动的轨迹，线有长度、有宽度、有方向感、有位置。直线和曲线都能呈现出轻快、跳跃、欢畅、运动的视觉感受。在景观设计中，线的构成有着极其重要的意义，景观设计中线的具体应用主要有园路、水体、景观实体的轮廓线等。

景观平面中线的具体形式有两种：一种是景观道路，它的功能主要是引导人流交通，连接景观节点，形成景观轴线；另一种是作为边界轮廓线，包括同介质面域之间由于高差、方向不同形成的边界，或者是不同介质面域的边界或交界线。通过不同的线性设计，可以使景观风格展现不同的调性。例如直线为主的景观平面设计，景观风格显得干净简洁、现代感强；运用自由曲线的设计，显示出自然柔美、优雅、婉约的景观效果（如图 2-59）；运用多边形角线，则形成无方向感、多变、丰富、活泼和动感的视觉效果，例如丹麦哥本哈根超级线性公园（如图 2-60）。

图 2-59　景观中自由曲线的设计

（三）面

面是线移动的轨迹，是点与线的集合，有明显、完整的轮廓。例如大面积的水体、大块草坪绿地，给人一种整体感和背景感。景观设计中的面没有厚度，只有长度和宽度，是从美学角度抽象出来的元素，是为了便于我们理解和分析景观格局。就景观而言，地面铺装可以看作是面，静止的水面也可看作是面，紧密成行、成片的植物和大草坪都可以看作是面。在

图 2-60　丹麦哥本哈根超级线性公园景观平面中的线元素

景观设计中，平面的布局可以被理解成一种媒介，来表达在各个景观元素色彩组合及空间围合上的平面关系（如图 2-61）。面的平面形状可有多种，如规则的几何形的面、自由曲线形的面、偶然形的面等。

图 2-61　丹麦哥本哈根超级线性公园景观平面中的面元素

（1）几何形的面有规律的鲜明的形态，以圆形、矩形、曲线、斜线、角状圆弧及切线为基本型，在平面中进行组合，例如不同面积的圆形的轮廓通过相交、叠加、剪切等多种组合方式，来形成景观平面形态（如图 2-62）。这在规整式园林设计中应用较多，通常同一种基本型的组合更容易让景观平面产生统一感（如图 2-63）。这种组合平面可以较好地表现严肃的、规则的、有条理性的、现代感的主题空间。

（2）自由形的面的轮廓线追求流畅，形态优美、富有形象力，它往往如同自然描绘出的形态，给人一种被动的、舒缓的、轻松的、沉思的、治愈性的心理感受。自由形的面在自然式的乡村或者休闲类的公园绿地空间设计中运用较多，由于其具有轻松感和随意性，深受人们的喜爱。曲线主题在平面设计构型过程中要注意交接线应是直角，不应是锐角（如图 2-64），看似自由的曲线也有其构成规律（如图 2-65）。

（3）偶然形的面是自然或者人为的偶然形成的面，通过特殊工具或特殊的手法，有意识或者无意识地绘制出的面，给人自由、活泼、难以预料的神奇艺术魅力。设计师运用偶然形的面往往主观性比较强，设计效果因人而异，所以这也是不常用的一种形态（如图 2-66）。

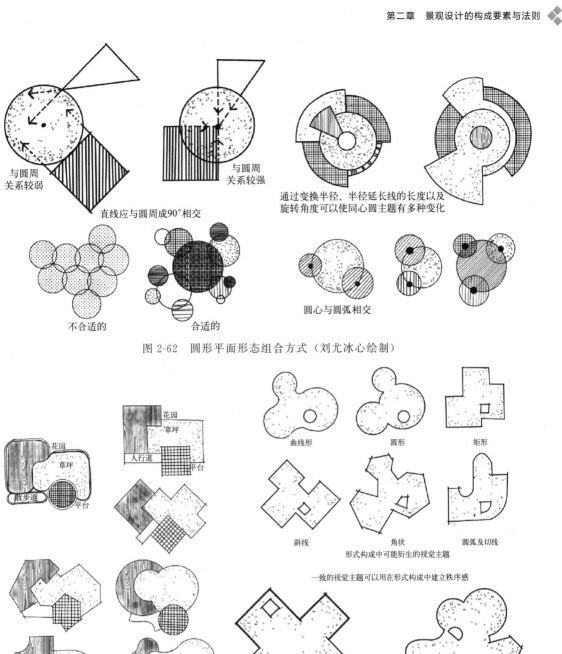

与圆周
关系较弱

与圆周
关系较强

直线应与圆周成90°相交

通过变换半径、半径延长线的长度以及
旋转角度可以使同心圆主题有多种变化

不合适的

合适的

圆心与圆弧相交

图 2-62　圆形平面形态组合方式（刘尤冰心绘制）

花园

花园

草坪

草坪

人行道

平台

散步道

平台

平台

曲线形

圆形

矩形

斜线

角状

圆弧及切线

形式构成中可能衍生的视觉主题

一致的视觉主题可以用在形式构成中建立秩序感

同一种景观功能下，直线、斜线、曲线、圆、圆弧
分别以同一种基本型来组织具有统一性的平面方案

视觉主题一致能产生视觉秩序

视觉主题不一致，则会被分散
成许多不相关的部分

各部分之间的关系对于构成在视觉上是否吸引人至关重要

相互连接的各个部分应与其他部分对齐

图 2-63　几何形态平面构成关系（刘尤冰心绘制）

053

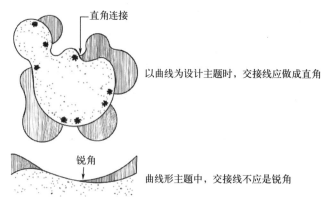

图 2-64　曲线主题设计，交接线应是直角，不应是锐角（刘尤冰心绘制）

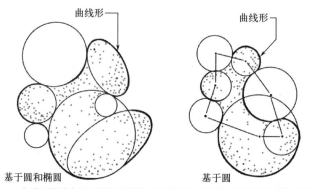

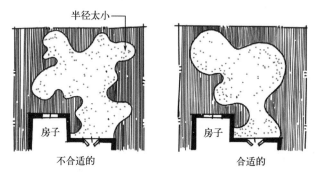

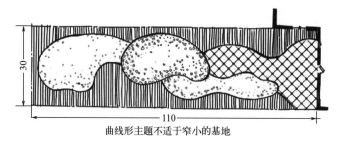

图 2-65　圆和椭圆相切组合构成，由圆形相切构成（刘尤冰心绘制）

图 2-66　偶然形的面（刘尤冰心绘制）

（四）形体

我们可以把形体看成面被移位时形成的三维形态（如图 2-67）。形体可以被看成是实心的物体，或由面围成的空心物体，如同一间房屋由墙、地板和顶面三个维度组成一样。户外环境空间虽然不像室内空间有明确的墙体来围合空间，但是我们可以将户外空间理解为由各种垂直面、水平面或有围合功能的面组成，把户外空间的形体设计成完全或部分开敞的形式，就能使光、植物、空气和其他自然界的物质穿入其中。例如我们可以把高大乔木的树冠看成顶部界面，阳光、空气、雨水、风都可以穿透，还可以形成倒影；庭院内镂空的廊架也可以看成半开敞的围合空间，植物可以攀爬其中。日本建筑

图 2-67　面的移动形成三维有坡度的立体形态

师黑川纪章提出的介于室内和室外空间的"灰空间"的构筑物在景观设计中是最有意思的一部分，他认为："作为室内和室外之间的一个插入空间，介于内外的第三域的……因为有顶盖，可以算是内部空间，但又开敞又是外部空间的一部分。"他描述的这种空间就是檐下空间，即只有地面和顶盖两个界面限定，具有半室内半室外的空间特性。在景观中也经常会涉及这个类型的空间设计，例如园林中的回廊、亭子都属于灰空间，是供人在室外休息停留的场所。

（五）运动

在景观设计中，运动的概念已经超出了静止的立体三维空间的视角，当一个三维形体在空间中被移动，就会感觉到形体的运动，同时也把第四维空间的"时间"加入其中，作为设计的元素。这里所指的运动应该理解为与观景者密切相关。彭一刚院士曾经在其著作《中国古典园林分析》中解析了"景观"中"景"与"观"的关系，就是"被看"与"看"的关系。当我们在空间中行走时，我们的视线发生了变化，我们观察的景物似乎在运动，由于视点的不同，它们时而变大，时而变小，时而进入视野，时而又消失了。这就是中国传统园林造景理念中所说的"步移景异、移步换景"。空间的开合关系随着视点的位移变化，观赏到的风景也在不断变化，因此，在室外空间的景观设计中，正是由于加入了运动这一重要的构

成元素，使得设计手法多了一个出发点，也是更有趣味的一点即观景点的设计，也是我们在设计重要景观节点时需要重点考虑的。

（六）色彩

所有的景观实体表面都有内在的颜色，它们能反射不同波长的光波从而被人们看见，并使人产生不同情绪和心理效应。色彩心理是指颜色能影响脑电波，脑电波对红色的反应是警觉，对蓝色的反应是放松。色彩的直接心理效应来自色彩的物理光刺激对人的生理发生的直接影响。心理学家对此曾做过许多实验。他们发现，在红色环境中，人的脉搏会加快，血压有所升高，情绪兴奋冲动；而在蓝色环境中，人的脉搏会减缓，情绪也较镇静。

根据人对温度的感知效应，色彩分为冷暖两大色系：红、橙、黄色为暖色，给人温暖、热情、阳光、有活力的感受；青、蓝、紫色为冷色，给人寒冷、阴凉、神秘、稳重的感觉。不同民族、文化层次和职业的人对色彩的喜好有很大区别，老人、儿童、男性、女性对色彩偏好要求也有很大区别，设计师应根据场地服务的主体人群的喜好和欣赏习惯来设计。

景观空间中设计配色原则如下。

（1）同一性原则（图2-68）。同一性原则就是在确定色彩基调之后，利用色彩物理特性以及对人生理和心理的影响进行配色，统一组织各种色彩的色相，利用同一色调衬托出空间的简洁有序。

（2）连续性原则（图2-69）。连续性原则就是按照明度、纯度、色相连续变化的关系配色，如红、黄、橙是连续的暖色调。

图 2-68 构筑物与环境的同一性原则

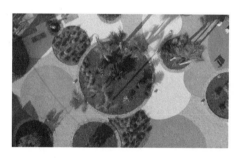

图 2-69 景观设计中的暖色调变化

图 2-70 局部运用亮色的景观设计

（3）对比性原则（图2-70）。对比性原则是为了突出重点，打破沉闷气氛，局部上运用与整体色调相对比的颜色，突出亮点，形成强烈的视觉刺激感，起到活跃空间气氛的作用。

（七）质地

质地是指在物体表面反复出现的不同面积或者形态，如点或线的排列方式不同，使得物体看起来或粗糙或光滑，或者产生某种触觉感受。质地也往往产生于许多反复出现的形体的边缘，或产生于颜色和形态之间的突然转换。质地一般表现于景观材料之中，例如不同质地的木材、竹材、石材使得空间氛围不同，木材具有环保、亲切感；竹材具有风格独特、自然环保、质感肌理独特等特点；石材分为天然石材和人工石材两类，天然石材包括天然花岗岩、大理石、砂岩、板岩、卵石等，人工石材包括砖、水磨石、混凝土等。

（八）声音

声音是听觉感受，对我们感受外界空间有极大的影响，声音可大、可小，可以来自自然界，也可以人造，可以是悦耳的乐音，也可以是令人烦躁的噪声等。除了三维空间的形体、四维空间的运动外，景观设计中因为声音的加入，就更多了一个维度的审美感受。例如在公园里面加入风铃，当风吹动风铃发出叮当叮当的响声，那么环境中就有了更加丰富的审美感受。目前很多景观装置中加入了可以互动的、产生声音的设计，使得人与环境可以互动体验，例如 2019 年深圳大湾区园林设计展中风铃声音元素的加入（如图 2-71）。

图 2-71　2019 年深圳大湾区仙湖植物园花展中风铃声音元素加入的设计（作者自摄）

（九）气味

气味在审美体验中属于嗅觉感受，园林景观中的植物品种繁多，有观叶的、有观花的、有观果的、有闻香的植物等，例如桂花、栀子、蜡梅就是气味芳香的植物。桂花是我国秋季的常见树种，十月金桂成为我国很多地方的秋日标志性的景观之一，栀子作为灌木树种，花香清新，蜡梅在冬天香味冷冽幽香，它们代表了不同的季节，呈现出不同的季相。植物中的阔叶植物或针叶植物的气味，往往能刺激人的嗅觉器官，有的带来愉悦的感受，有的却引起不快。所以在景观植物的配置中，我们可以根据气候和季节的变化，选用合适的树种，利用植物香味的特性来营造景观。因为地域、气候、自然环境的差异，植物也呈现出不同的形态和特性，因此作为景观设计师，在具体设计时要了解当地适宜种植的植物品类，掌握当地本土植物的生长习性、生长周期、花期等特性，尽量选择适合在当地生长的植物进行配置，并做到四季皆有景可观。

（十）触觉

触觉是人通过皮肤直接接触到物体时的知觉感受，例如冷与热、平滑与粗糙、尖与钝、软与硬、干与湿、有弹性的、有黏性的等。触觉往往与材料表面的肌理相关，也与我们的心理感受直接相联系。例如在设计户外休闲座椅时，我们会感受到不同材料具有不同的硬度，以至于影响人坐的时候的舒适度。在景观设计中，设计师也可以利用触觉，为特殊人群设计无障碍设施，例如盲道、残疾人与老年人通道、无障碍扶手等。

总而言之，景观设计中的构成形式不是单一考虑一种方式，常常是多种构成方式的综合运用。例如在丹麦哥本哈根超级线性公园的设计中，地面就运用了点、线、面、形体、色彩等综合的构成形式设计手法，形成了极具景观特色的场地（如图2-72）。

图 2-72 　丹麦哥本哈根超级线性公园中点、线、面、形体等构成要素的综合运用

二、景观设计形式美法则

平面构成的各种基本形式美法则，如重复、渐变、肌理等在景观设计中的具体应用，可以拓展设计师的设计思路和激发其创作灵感，对景观的组织安排有着积极的作用，可以丰富景观的效果，对景观设计具有指导性的意义。

（一）重复

在景观空间中，重复构成形式是以一个基本形为主体在基本格式内重复排列，排列时可做方向、位置变化，具有很强的形式美感，其中的骨格与基本形具有重复性质。在这种构成中，组成骨格的水平线和垂直线都必须是相等比例的重复组成，骨格线可以有方向和阔窄等变动，但亦必须是等比例的重复。限制和管辖基本形在平面构成中的各种不同的编排，即是骨格。平面构成的基本格式大体分为90°排列格式、45°排列格式、弧线排列格式、折线排列格式；基本形可以在骨格内重复排列，也可有方向、位置的变动，填色时还可以"正""负"互换，但基本形超出骨格的部分必须切除；简单重复构成是基本形态的多次反复出现。

重复是一种基本形式，是指同一个形态连续而有规律的重复出现。它的特征是整齐划一，是形式美的一种简单构成形式，在我们的日常生活中随处可见。在环境空间的设计例如铺地的设计中，常常会运用这种法则，如图2-73～图2-76所示。

（二）渐变

在景观空间中，渐变构成形式是把基本形按大小、方向、虚实、色彩等关系进行渐次变化，其构成形式中骨格与基本形具有渐次变化的性质。渐变构成有两种形式：一种是通过变动骨格的水平线、垂直线的疏密比例取得渐变效果；另一种是通过基本形的有秩序、有规律、循序的无限变动（如迁移、方向、大小、位置等变动）而取得渐变效果。此外，渐变基本形还可以不受自然规律限制从甲渐变成乙，从乙再渐变为丙，例如将河里的游鱼渐变成空中的飞鸟，将三角渐变成圆等。渐变构成具体包括形的大小、方向渐变，形状的渐变，疏密的渐变，虚实的渐变，色彩的渐变。

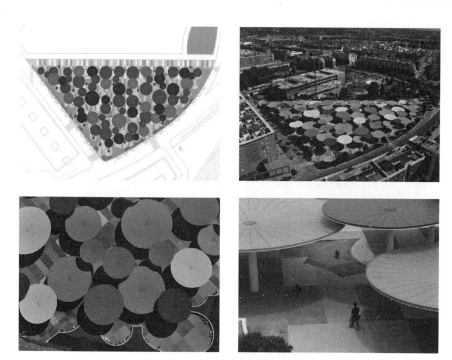

图 2-73 某城市广场的设计中重复使用大小不一的近似圆形式，形成立体空间效果

图 2-74 长方形的形态在环境空间中运用在铺地、水景以及周边建筑立面上，形成统一的视觉效果

图 2-75 地面铺装中重复骨骼，形成装饰性的视觉效果

图 2-76　某环境中重复使用与建筑外立面风格一致的形态，与周围取得呼应感和整体感

渐变是指基本形态呈现出逐渐变化或者有规律的变化，这种渐变形式形成现实生活中一种常见的视觉现象，可以通过基本形状、大小、位置、方向、色彩等视觉要素的变化来实现，通常给人一种自然的韵律美感、深度感和空间运动感（图 2-77 和图 2-78）。

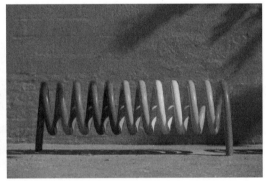

图 2-77　丹麦哥本哈根超级线性公园中地面铺装、设施中色彩构成中相邻色系的渐变

（三）对比

对比构成较之密集构成是更为自由性的构成。此种构成不依靠骨格线而仅依靠基本形的形状、大小、方向、位置、色彩、肌理等的对比，以及重心、空间、有与无、虚与实的关系元素的对比，给人以强烈、鲜明的感觉。

对比是在某种规律的基础上，以突变的手法打破规律而形成的，体现出统一美中的突变，打破原来的和谐气氛，产生自由性的构成形式。设计师可以通过形态、大小、疏密、主次、色彩、虚实、质感等形成对比，对比在环境景观中往往是多种设计手法的综合运用。

图 2-78　地面硬质和软质铺装在形态、材质、色彩上发生渐变，形成独特的景观效果

（四）近似

近似构成形式是指有相似之处形体之间的构成形式，寓"变化"于"统一"之中是近似构成的特征，在景观空间设计中，一般采用基本形之间的相加或相减来求得近似的基本形，其骨格与基本形的变化不大。近似构成的骨格可以是重复或是分条错开，但近似主要是以基本形的近似变化来体现的。基本形的近似变化，可以用填格式，也可用两个基本形的相加或相减而取得。在景观

图 2-79　地面铺装和微地形设计运用
近似的几何形状，让平面和立体空间统一

设计中，可以将一组形状、大小、色彩、质感近似的元素组合在一起，往往可以产生某种和谐之美（图 2-79～图 2-81）。

图 2-80　花坛、铺地、休息座椅在平面形式和材质上
运用近似的形态，形成统一的景观效果

图 2-81　公园景观设计中
通过二维码形态与水景、
花坛结合，形成统一感

（五）特异

特异是一种打破规律的对比现象，是在有规律的形态中加入无规律的因素，或者从有规律的形式转为另一个有规律的形式，借以突破规律造成的单调感（图 2-82）。

特异构成形式是在一种较为有规律的形态中进行小部分的变异，以突破某种较为规范的单调的构成形式，特异构成的因素有形状、大小、位置、方向及色彩等，局部变化的比例不能过大，否则会影响整体与局部变化的对比效果。特异分割构成形式有：①等形分割，这种形式较为严谨；②等量分割即只求比例的一致，不求形态的统一；③自由分割，其特点是灵活、自由。

（六）聚散

聚散是一种自由构成形式，包括密集与疏散、向心与扩散、虚与实等，这种形式表现为一定的目的性、方向性、整体性（图 2-83 和图 2-84）。在环境整体规划、广场设计中常常运用这种表现手法，它属于对比构成的一种特殊形式。

图 2-82　黑色碎石子作为背景，
烘托出变异的白色石板，更突出
石板路汀步的形态

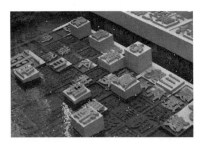

图 2-83　大小不一的石块刻字元素
在空间中散落，在立体空间中聚散
有致，起伏变化形成景观趣味性

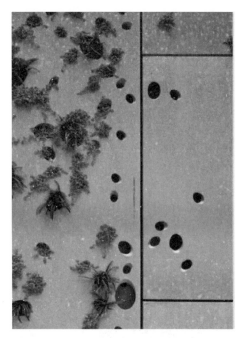

图 2-84　混凝土墙面上大小不一的洞穴，
成为植物的栖息之地。又像随意散落
在河流中的卵石，形成独特的景观

（七）肌理

肌理（如图 2-85～图 2-89）指物体表面的纹理，肌理又可称为质感，由于物体的材料不同，表面的组织、排列、构造各不相同，因而产生粗糙感、光滑感、软硬感，所以肌理是理想的表面特征。肌理构成即指将不同物质表面，通过一定的手段进行构成设计而形成某种质感，它是景观设计师特别偏好的一种创作手法，可创造出独特的、随机的特殊材料效果。

图 2-85　肌理泥刻

图 2-86　硅藻泥肌理图让空间艺术感得到升华

图 2-87　花池、矮墙设计利用石材天然的肌理

图 2-88 地面设计利用石材天然的肌理

图 2-89 植物、石块、鹅卵石各种不同的肌理对比，营造一种亲切的自然园路景观效果

第三节 景观设计的空间尺度

一、尺度与尺寸

人类与自然环境相互斗争与适应的历史进程中，在自然景观尺度、人类活动规律与心理感受、人体尺度以及"模数"理论研究等方面，积累了丰富的经验，通过对这些经验的研究与总结，制定了众多指导设计的准则、规范，成为现代景观规划设计的重要依据。本节主要结合经典理论中的尺度与尺寸分析，介绍景观设计中的基本尺寸的构成与内涵，阐述建立景观空间设计的尺度感与空间尺寸数据库的积极作用与重要意义。

（一）尺度与尺寸

谈到尺度，就肯定会涉及尺寸，二者极易混淆，但并非同一概念。尺寸是关于度量的精确描述，有明确的计量单位和测量对象，属于数学范畴；而尺度是一种相对的、非确定量的描述，是以人体为基本出发点去比较和判断其他物体的大小，是人与空间环境的相互关系。从建筑形式美的角度出发理解尺度，则尺度指我们如何在与其他形式的相比中去看一个建筑要素或者空间的大小。广义上建筑学对尺度有两种解释，一种是指以人体的身高来衡量建筑物尺寸大小的标准，另一种是指把对象扩大化后的释义，即人性尺度。可见，尺度是计量长度的标准，尺寸是计量长度的准确数值。

人的活动范围为确定环境空间场所范围提供依据，人的活动范围以及设施的数量和尺寸影响场所空间大小、形状。在确定场所空间的范围时，必须搞清楚使用这个场所空间的人数，每个人需要多大的活动面积，空间内有哪些设施以及这些设施和设备需要占用多少面积等。作为研究问题的基础，要准确测定出不同性别的成年人与儿童在立、坐、卧时的平均尺寸，还要测定出人们在使用各种家具、设备和从事各种活动时所需空间的体积与高度。

（二）柯布西耶模度系统中的尺度

建筑师柯布西耶发展出一系列模矩尺度作为空间中人对环境使用的尺度标准。柯布西耶

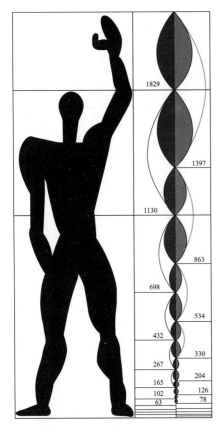

图2-90 柯布西耶模度系统

的模度系统利用了几个与人体尺度最接近的数字，其中身高与脐高的黄金比例关系来源于文艺复兴时期达·芬奇的发现，柯布西耶发现将举手高折半正好等于脐高，这也是建筑设计中的一个重要尺度（如图2-90）。以红色和蓝色标尺作为水平和垂直坐标，由它们相交形成的许多不同大小的正方形和矩形被称为模块度。模度以人的比例为基础，指导预制材料进行美学构建。从模度系统诞生，特别是20世纪50年代后，柯布西耶以其作为一种重要设计工具，在实践中加以应用，包括马赛公寓、昌迪加尔、圣迪埃工厂乃至朗香教堂的平面设计，模度系统都不同程度发挥了比例控制的作用，把人体作为空间环境设计的一个基本尺度的参照物。

（三）人体工程学中的尺度与尺寸

人体工程学是研究人-机-环境系统中人、机、环境三要素之间的关系，使人在生活与工作中能够实现高效能，安全性与健康性得到最优化，因而要关注到人在环境中的生理尺度和心理尺度。

景观设计首先需要了解各种空间尺寸，建立基本的尺寸数据库，才能理解和培养空间的尺度感。空间环境设计的基本尺寸包括人的生理尺寸和心理尺寸。

1. 生理尺度和生理尺寸

生理尺度是人在生理方面的尺度要求，属于人体工程学范畴。生理尺寸则是指在空间环境中的人体基础数据，如人体构造、人体动作域等有关数据所确定的人在活动中所需的空间尺寸。

生理尺寸一般包括静态尺寸和动态尺寸。静态尺寸指人体在相对平静的状态下测量的各项尺寸数据，它是被测量者处于静止的站姿或坐姿的状态下测量得到的数据（图2-91）。如身高、坐高、坐深、臀宽、膝盖高度、肩宽、眼高（视线）、肘高、肘间宽度等。它与人体直接接触的物体有较大关系，主要为人们的生活和工作所使用的各种设施和工具、工作空间的大小提供数据参考。

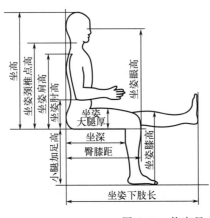
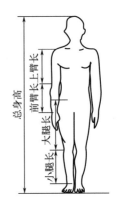

图2-91 静态尺寸

　　动态尺寸是指被测者在进行某种活动时肢体所能达到的空间范围，它是在动态的人体状态下测得的数据（图 2-92）。对于大多数的设计问题，功能尺寸可能有更广泛的用途，因为人总是在运动着的，人体结构是一个活动可变的，不是保持一定状态、僵死不动的结构，任何一种身体活动并不是由身体的独立部位来完成的，而是协调一致，具有连贯性和活动性的。景观设计中的动态尺寸要求设计师掌握人体在进行某种功能活动时肢体所能达到的空间范围，如人在步行、跑步、转身等状态时所需的空间尺寸。

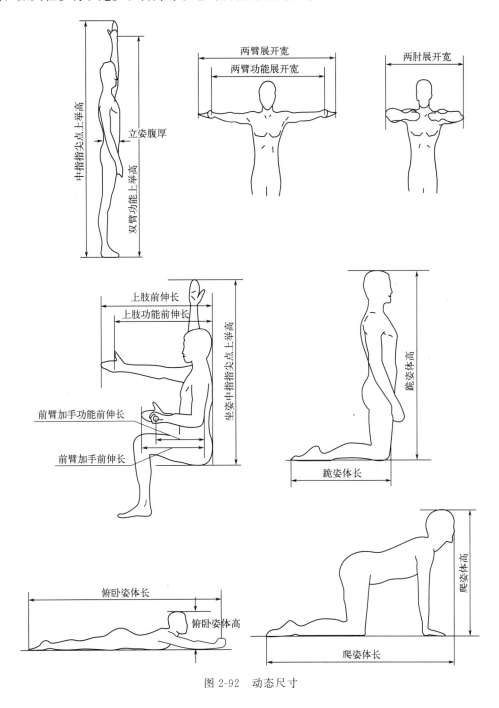

图 2-92　动态尺寸

在进行园林景观的平面设计时，应先对其景观空间进行深入分析，然后分析静态、动态这两个方面的要素，使景观比例得以精准测出，分析其排列均衡性是否合理、能否得到合理搭配等，以人体视觉审美为依据，使景观中的点、线、面在空间上能够得到合理布局。除此之外，还要对园林及其周边环境的适应性进行考虑，例如园林与建筑、道路之间能否合理搭配，在布局形式上能否给人以视觉美感。

了解与掌握人体生理尺寸，才能根据需要进行相应尺寸的空间设计，提供符合使用尺寸的基本空间。例如步行过程中，每个人至少需要 60cm 的步行宽度，低于 60cm 则无法顺畅行走，这个尺寸通常作为单股人流的计算标准。

2. 心理尺度和心理尺寸

我们不能仅以生理的尺寸去衡量空间，对空间的满意程度及使用方式还取决于人的心理尺寸，这就是心理空间。著名心理学家阿尔伯特·班杜拉认为人的行为因素与环境因素之间存在着互相连接、互相作用的关系。环境可以理解为周边的情况，而对于环境中的人来说，环境则可以理解为能对人的行为产生某种影响的外界事物。心理尺寸的意义在于从审美和心理的角度满足人们关于尺寸大小的设计需要。

心理尺度通常指人在空间环境中对于尺寸大小产生的心理共性，属于环境心理学范畴。空间对人的心理影响很大，其表现形式也有很多种，主要包括领域性、个人空间、私密性与交往等。对应于心理尺度，则包括私密尺度、个人空间尺度、领域感尺度以及拥挤空间尺度等。不同的心理尺度对应不同的尺寸范围。

Altman（1975）提出，私密性是"对接近自己的有选择的控制"。因此，私密性是通过相应的空间尺寸和距离的控制来表达和感知的。私密空间的等级亦可以因空间尺寸和空间边界的不同而划分为公共空间、半公共空间或者半私密空间、私密空间（图2-93）。十分亲密的感情交流一般发生于0～45cm，在这个范围内，所有的感官同时起作用，所有细节都一览无遗，空间具有私密性。较轻一些的接触一般发生于120～360cm，这样较大的距离既可以在不同的社会场合中用来调节相互关系的强度，也可用来控制每次交谈的开头与结尾，说明这个范围内空间具有半公共或者半私密性，是适合于交谈需要的特定空间。例如电梯内的空间就不适合于邻里间的日常交谈，通常45～120cm的进深无法避免不喜欢的接触或者退出尴尬的局面。

Robert Sommer（1969）曾对个人空间有这样生动的描述："个人空间是指闯入者不允许进入的环绕人体周围的看不见界限的一个区域。"个体周围特定的空间尺寸与距离表达出个人空间感，使人从生理或者心理上产生心理梯度变化。如人的安全距离一般为3m，大于3m则给人开阔的感觉，从而失去个人空间感；人与人之间的谈话距离一般大于0.7m，当小于这个距离时，会感觉到个人空间被侵入，产生不适感，从而下意识地产生后退或者撤步的动作。亦如最小室外空间（outdoor room）尺寸是6m×6m，积极使用的私人院落最小尺寸是12m×12m。

领域性是从动物的行为研究中借用过来的，人类的领域性指暂时地或者永久地控制一个领域，这个领域可以是一个场所或者一个物体。特定尺寸的空间给人不同程度的领域感，而空间本身亦体现不同程度的领域性。如一个人不受妨碍的站立空间是 $1.2m^2/$人，人群中可忍受的最小站立空间是 $0.65m^2/$人，人群拥挤、水泄不通的空间是 $0.3m^2/$人。也就是说，当个人所占有的领域空间小于 $1.2m^2$ 时，领域空间被轻微侵入，产生较弱的不适感觉；当个人所占有的领域空间小于 $0.65m^2$ 时，领域空间被严重侵入，产生较强的不适感觉；当个

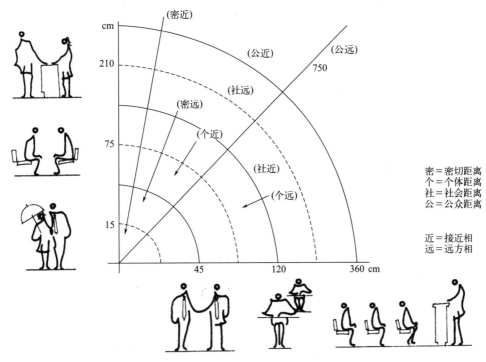

图 2-93　人际空间距离的分类

人所占有的领域空间小于 $0.3m^2$ 时，领域空间被彻底侵入，领域感将不存在。

3. 行为尺度

行为尺度通常指人在环境活动过程中各种行为多阐释的空间以及这些行为空间所需要的尺寸或者距离。例如满足观景时眺望前方所需要的行为尺寸，在广场设计中 6m 左右可看清植物的花瓣，$20 \sim 25m$ 可看到人的面部表情，这一范围通常组织为近景，作为框景增加广场景深层次。中景为 $70 \sim 100m$，可看清人体活动，一般为主景，要求能看清建筑全貌。远景 $150 \sim 200m$，可看清建筑群体与大轮廓，作为背景起衬托作用。作为人们休闲、活动的文化性广场，尺度是由其共享功能、视觉要求、心理因素和规划人数等综合因素决定的，其长、宽一般应控制在 $20 \sim 30m$ 为宜。在居住建筑或一般公共场地，尤其应该注意，忌大而空。

在景观设计中，设计空间尺度的大小，就需要了解设计针对的人群的各种活动规模对空间尺度的需求；设计道路、卫生间、服务设施等，也需要针对使用者的需求来确定具体场所的尺寸，例如适合残疾人和老年人出行的通道中扶手高度的设计及道路坡度的设计；设计游乐场地、休闲场地也必须了解活动人群的类型及其在场地中活动的规律，例如儿童游乐设施要针对不同年龄段的孩子的行为习惯和身体尺度来设计；设计停车场就必须了解各种交通工具所占的面积及运动中所需要的尺度，例如回车场的设计，就需要以车辆最小的转弯半径为尺度依据。总之，一切与人活动有关的景观设计项目都需要从人体工程学理论中获取设计依据，并融入艺术元素来确定设计对象的尺度、体积和形态，景观工程最终是艺术与科学相统一的结合体。

二、尺度与比例

空间因其宽度、高度、深度的伸展状况会对空间比例产生影响。

景观设计中的比例包含两个方面的含义：一方面是景观植物、建筑物或者某景观具体要素局部自身的长、宽、高之间的大小比例；另一方面是景观植物、建筑物与其他具体要素之间的大小关系。景观设计中高度、长度、面积、数量和体积等尺寸之间会进行相互比较，这种比较可以在几种景观元素之间，也可在一种景观元素和它所在的空间之中进行。而且，通常会把人作为一个基本尺度，将这些景观要素尺寸与人的身体尺寸进行比较。

在景观设计中，通常我们会说空间大小是"小尺度"或者"大尺度"，小尺度的尺寸是空间大小接近或小于人自身的尺寸，大尺度的尺寸是指物体或空间超出我们身体的数倍。尺度大到一定程度时会产生过度的压迫感。通常我们提到微型景观就是指小型化的景观元素或景观空间，它们的大小接近或小于环境中人的自身的尺寸。巨型景观是指环境空间中的物体或环境空间本身超出环境中人的身体数倍，它们的尺度大得使我们不能具体地感知其尺寸，空间与人体尺度的比例关系让人产生心理知觉上的体验感受，这种大尺度能引起人的肃然起敬或惊奇之感（如图 2-94）。

使人感到舒适的景观空间比例称之为人体比例尺寸，介于微型和巨型两种尺寸之间，即景观空间中的物体或空间的大小能很容易地按身体比例去估算。当水平尺寸是人身高的 2～20 倍，垂直尺寸是水平宽度的 $\frac{1}{3} \sim \frac{1}{2}$ 时，这是一个大概的、不能精确的目测尺寸，但此时的空间尺度是使处于此空间中的人感觉既没有窘迫感，也没有压迫感，是适宜的舒适尺度（图 2-95）。

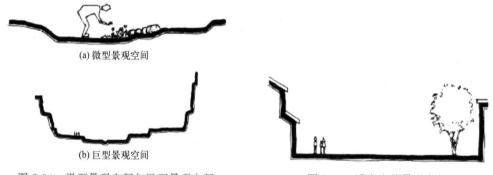

图 2-94 微型景观空间与巨型景观空间　　　　图 2-95 适宜人的景观空间

场地空间尺度的大小往往也与铺装材料的选择紧密相关，例如对于大尺度景观空间，可通过混凝土来进行大面积的铺装，以增强其景观空间的恢宏大气之感。而对于小尺度景观空间，则可通过鹅卵石来进行铺装，以使景观空间具有温馨细腻之感。而且铺装材料在质感上的粗糙性的肌理，可使空间看上去相对较小，而细腻性的材料则可使空间看上去较大。通过利用心理知觉的特性与搭配不同质感的铺装材料，能够大幅增强园林景观的空间层次感受，使得场所更具有符合人适应的环境审美感受。例如在对大面积空间进行铺装时，可利用大规格尺寸的花岗岩，而对于小面积的架空层或游步道、园路，则可使用小面积的鹅卵石、青砖、碎石板或小料石等来进行铺装。

第三章

景观项目的概念、类型与程序

第一节 景观项目的概念

一、什么是景观项目

我们经常会听到"项目"这个词，它在不同专业领域所代表的内容不同。景观设计项目首先表达的是一种意愿，即是为了实现甲方的一个需求，表达在行动上的意愿。例如某大学校园中缺乏一个供学生户外交流和业余研讨学习的户外空间，学校希望在校园中找一个适宜的空地进行改造，于是请设计单位提出意愿，希望设计师完成这样一处或者多处非正式学习空间的设计"项目"。当然，这是一个非常简单的景观项目的实例。景观设计师通过对甲方提出的设计任务进行调查研究后，提出自己的设计构思以及整体的设计构想，并且以设计方案的形式表达其中的景观流线、交通流线、植物配置、水景设计、构筑物等景观要素的具体设想，最终体现最初甲方或者设计师自己提出的设计构思。

二、景观项目的演进过程

景观项目的进行通常具有一定的方法和步骤。景观项目从甲方提出一个意愿开始，之后设计师初步了解甲方的意愿，并在此基础上充分调研场地空间，提出自己的初步方案，包括选择有意义的形态、材料、技术来实现这种意愿，并引导与最终实现这种意愿。设计师在进行每一个景观项目时都需要思考 5 个方面的问题：

（1）场地本身具有哪些可视的可利用的功能形态？

（2）场地本身具有什么样的景观价值？

（3）设计师提出的项目方案介入和干预后，场地本身的价值又是什么？

（4）作为与环境发生密切关系的人在场地中的行为活动及对环境影响有哪些？

（5）在景观项目实施后的较长时期内，场地将会发生哪些变化？

景观项目不同于其他工程项目，它不是一个规定好的不变的结果，而是一个充满变化的、不断演进的过程。这也是景观项目最重要的特征。尽管在景观设计行业中，普遍的认知是景观项目最终实现的只是空间形态上的布局和视觉要素上的设计。但事实上，空间形态上的布局和视觉要素的设计只是景观项目演进过程中的一个阶段,项目演进过程始于决策者对场地的需求或愿望,经过景观规划设计、建设施工,到最后建成运行并反馈,是一个逐步推进和演变的过程。景观项目从提出到实施建成是一个长期的过程,同时场地内的景观也会在自然和人为作用下生长和变化,并产生新的景观。因而,景观项目的过程就是产生新的景观的过程。

我们可以通过下面的实例来加深理解。某大学的教学楼之间有一块空地,除了大面积的绿化植物之外再没有任何景观元素,而且绿化部分是一片密植的灌木树林,人无法通过。由于该场地处于几栋教学楼建筑之间,使学生们普遍感到其功能上的不足,既缺少夏日遮阳的高大的乔木,又缺少临时停留空间或者等候休憩的座椅,还缺少临时课余交流的场地。校方决定对其进行景观改造。通常改造的过程有如下步骤:学校根据需要拟订出设计任务书,确定委托设计方后,景观设计师现场考察,之后进行场地分析与具体设计,最后交付施工方实施。在这个过程中,设计师首先要进行现场调研,这就是一个景观阅读、感知和分析的过程。之后与使用对象即学生进行交流、访谈以及图纸分析等,这些都属于对项目理解和思考的过程。在这之后,设计师初步掌握了项目基地原先存在的问题,最后根据学生需求在灌木树林中间修建了一条通往另一栋教学楼的鹅卵石铺的小路,道路两侧种植草本观赏性的花卉植物,并将部分灌木丛改造为人工静面水池,在水景周围以青石板铺地。在水景周围覆盖地被植物和灌木丛,每隔一段距离修建休憩的桌椅,桌椅下面是一个直径3m的硬质铺装,周围种植高大乔木遮阴。同时增加景观设施如景观廊架、垃圾箱和照明灯具等。在所有这些都实施完成之后,原有基地上的景观无论在使用功能、空间形态上都发生了根本的变化,因此,可以称其为不同于前者的新景观。

但是上述这个景观项目演进的过程并没有结束。施工完成十年后,原来的灌木树林之间的林荫小路,因为树木的生长变得空间狭窄,且鹅卵石铺地也残缺了,原来的休憩座椅因周围灌木丛和乔木的生长,空间变得不太容易进入,人工水池因没有任何装饰也显得单调无趣,学生们的环境审美观念在这个时期也发生了变化,学生们需要更具观赏性的水景以及更多智能的、可以互动的自助设施。这时对此处景观需要进行调整和完善。所以说景观项目的过程与其他的工程项目不同,景观要素具有生长特性,因此它没有结束的时候,它只是给人一种发展的方向,给人带来一种客观的演变状态。景观要素例如土地、植物、水体等都具有生命的特性。

景观项目通过组织自然与人工要素来达到设计目标,是一个充满生命特征并不断演变的过程,它是建立在时间、空间上的。同时,景观项目涉及生态环境、自然资源、土地政策、工程管理、设计艺术、环境审美等多个学科领域,从项目开始实施起就需要多个专业领域人员的协作、多学科知识融合、多方位的思考方式互补,是相互协作的过程。

第二节　景观项目的分类

景观项目所涉及的领域众多,有些是以城市为背景的,例如各种商业步行街的景观设计、城市公共绿地景观设计、城市道路景观绿地设计、居住区景观设计等;有些是以城市以外的广大地区为背景的,如乡村景观规划与设计、高速公路景观规划设计、风景名胜区规划设计、旅游度假地景观规划设计等。这些景观项目按照不同的标准可以划分为不同的类型。

这里我们提出对景观项目进行分类的目的，是因为不同类型的项目，其操作程序和关注点是不同的。有些景观项目位于城市建成区范围内，以城市社会环境为背景，如各种城市公共空间景观设计，城市广场、商业步行街的景观设计，城市公园、滨水公园等，其实施的目标尽管各有不同，但由于地处人们活动极为频繁的区域，与地区的历史文化、城市风貌、经济发展，以及人的生活习惯、日常生活等紧密相关，规划设计都必须遵循"文化优先"的原则。例如城市公园绿地景观项目除了考虑项目对城市生态的贡献外，更多考虑的是市民的使用与城市文化的融合，即所谓的"文化优先"。而资源型景观项目，如自然风景区中的绿地规划更多考虑的是对自然生态、自然资源（自然地貌、自然风景、自然物种等）、自然环境、人文环境等内容的保护，这时对绿地的"保护"是第一位的，开发是为了更好地保护，即所谓"自然优先"。另外一些景观项目，如风景名胜区规划设计、旅游度假地景观规划设计、湿地公园景观设计等，尽管同样有人类的活动参与，但是由于所处的位置不同、项目的生态价值悬殊，规划设计也需要遵守"自然优先"的原则。

　　按照景观项目的功能属性，可以大致分为以下几种类型。

一、城市总体规划项目

　　城市总体规划项目主要包含城市绿地景观系统规划项目、城市景观整体设计项目、城市景观控制规划项目等。其主要特点是与城市规划关系紧密，受城市总体规划或片区规划的指导，对城市整体的绿地和景观建设起统领作用。城市总体规划项目具有全局性、系统性、政策性，对城市的整体形象影响较大，在城市整体生态环境的建设中起重要作用，是建设生态城市、保护城市生态的重要手段，不涉及具体的场地空间和形态问题。规划的具体内容如下。

　　控制性规划阶段内容为：（1）详细规定所规划范围内各类不同使用性质用地的界线，规定各类用地内适建、不适建或者有条件地允许建设的建筑类型；（2）规定各地块建筑高度、建筑密度、容积率、绿地等控制指标，规定交通出入口方位、停车泊位、建筑红线、建筑间距等；（3）提出各地块的建筑体量、体型、色彩等要求；（4）确定各级支路的红线位置、控制点坐标和标高；（5）根据规划容量，确定工程管线的走向、管径和工程设施的用地界线；（6）制定相应的土地使用与建筑管理规定。

　　详细规划设计内容为：（1）建设条件分析及综合技术经济论证；（2）做出建筑、道路和绿地等的空间布局和景观规划设计，布置总平面图；（3）道路交通流线的规划设计；（4）绿地系统的规划设计；（5）工程管线规划设计；（6）竖向规划设计；（7）估算工程量、拆迁量和总造价以及分析投资效益。

二、城市开放空间景观项目

　　城市开放空间景观项目包含城市公园绿地、商业步行街景观项目、城市广场等。

　　城市公园绿地景观项目主要包括以下五种类型：综合型公园、社区型公园、专类公园、街头绿地、城市绿带等。综合型公园是具有丰富内容和相应设施，适合公众开展各类户外活动的规模较大的公园绿地。社区型公园包括：居住区公园，服务于一个居住区的居民，具有一定活动内容和服务设施，居住区建设的集中绿地，其服务半径为 0.5～1.0km；另一类为小区游园，其服务半径为 0.3～0.5km。专类公园主要包括儿童主题公园、植物园、动物园、游乐园、风景名胜园、纪念性公园以及其他主题性公园等（如图 3-1 和图 3-2）。街头绿地指具有一定休憩设施的城市开放绿地空间，包括街道休闲广场绿地、沿街绿化用地等，要求绿化比例不少于65％。城市绿带是指沿城市道路、滨水等有一定休息服务设施的公园绿地。城市公园绿地是组成城市公共空间系统的一个重要类型，承担了市民主要的休闲游憩功能，向公众开放，市民的参与程度高，兼有生态维护、环境美化和减灾避难作用，需要有一定的游憩设施和服务设施。其软质景观多，硬质景观少，是城市绿地或景观系统的重要节点，是城市生态、绿地、景观系统的组成部分。同时它对生态功能要求较高，对形象效果的追求也较强，涉及具体的空间和形态问题，还涉及材料、色彩等工程细节，要求与城市其他功能相协调。

图 3-1　儿童主题公园平面图

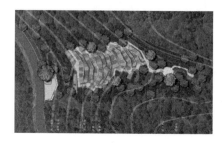

图 3-2　纪念性公园平面图

　　商业步行街景观项目是景观为城市商业功能服务，一般是为人们提供步行的街道，故而往往需要硬质景观多，软质景观少。因为商业经济的功能需求，步行街为商业活动提供场所，促进城市社会经济的发展与交流。同时由于涉及城市的文化功能，人们游览步行街往往不仅仅是满足购物的需求，也成为了解一个城市另一面的一种方式，所以商业步行街本身承载了一个城市的文化展示功能，例如展示一个城市的饮食文化、建筑文化、旅游文化等功能，往往可以成为城市的特色景观点，其生态效果较弱，形象效果较强。例如武汉的光谷步行街（图 3-3）、成都的春熙路步行街（图 3-4）和宽窄巷子等都是城市标志性的景观节点。

图 3-3　武汉的光谷步行街

图 3-4　成都的春熙路步行街

　　城市广场有多重类型，例如市政广场、纪念性广场、交通广场、商业广场等，不同类型的设计侧重点不同。市政广场往往承载着集会游行、举办大型市民活动的功能，故而需要足够大的硬质景观空间，有足够大的面积并有合理的交通组织干道，便于人流集散需要，例如天安门广场、上海人民广场等。交通广场一般位于环形交叉路口，主要功能是组合交通、装饰街景，在种植设计上必须满足交通安全需求，不得种植高大植物阻碍驾驶员视线，通常采用修建整齐的低矮灌木配置绿化，也可以设置雕塑、喷泉等景观要素来构成视觉焦点中心，成为城市地标，例如武汉的光谷广场（图3-5）。

三、乡村人居景观项目

乡村是与城市截然不同的另一种人居环境，乡村由独特的人文环境、地域环境、自然生态环境共同构成。因其不可复制的自然资源与地形地貌特征，每个乡村都是不能复制的个体存在。乡村人居环境空间的规划与设计的最终宗旨为：继承并发展其历史文化脉络，利用天然的资源与地理环境，将居住区、生产区、农业区合理布局，并合理配置基

图3-5　武汉的光谷广场

础生活服务配套设施，改善生活环境的同时保持田园风光，构建与自然一体的生活、生产、生态空间。

（一）乡村景观设计中要注意的基本要点

1. 村落文化

村落文化的基本关系是血缘与地缘的关系。从血缘角度看，村落中依然存在着较为密切和广泛的亲属关系网，这张网是人们确定亲疏远近的"身份证"。家族依然在某种程度上有着延续村落及村落文化的基本功能。由于家族血缘关系是维系村落文化的天然基质，因此村落文化就生长的地域和环境来说是分散的，这也体现了村落文化的地缘关系。村落的基本特征是传统性和乡土性。村落文化是固定地域范围内，村庄居民长期以来所形成的共同行为方式、感情色彩、道德规范和生活习俗，是一定历史背景下的共同传统，因此具有传统性。同时，村落文化扎根于土壤，显示着人与自然的密切联系，两者的紧密结合形成了村落文化，因此具有乡土性。

2. 地形地貌

地形地貌是影响村庄规划非常重要的因素。千百年来的农业社会中，村庄遵循"天人合一"的思想，顺应地形地貌的变化，形成了丰富多样、各具特色的传统村庄形态。村庄规划应尽量继承村庄历史脉络，延续原有空间肌理，结合当地地形地貌的特点，村庄规划可以分为丘陵山区、平原、水网地区三种主要类型。规划丘陵山区村庄，处理好地形高差非常重要。山地村落为了适应地势的变化，通常采用两种布局方式，一种是平行于等高线方向布置，另一种是垂直于等高线方向布置。平行于等高线方向布置的村庄，主要街道多与等高线弯曲形式一致，巷空间垂直于等高线，建筑沿等高线横向展开，与山势紧密呼应。主要有位于山坳呈内凹型的村落，也有位于山脊呈外凸型的村落。位于山坳的村落向心内聚，以山为屏障，给人心理上更多的安全感；位于山脊的村落外凸扩散，视野开阔并更利于通风。由于平原对村庄建设的地形制约不大，所以平原地区村庄形态的规划具有很大的自主性。由住宅建筑围合而成的街巷空间是人们主要的公共活动场所，因此规划时应注意对街巷空间的构思。村庄形态常由一条街和沿街毗邻排列的建筑构成。随着村庄规模的扩大，为了不使街道延伸过长以方便相互联系，要适当安排巷空间，建筑沿巷道纵深发展，形成由街巷构成的网络式布局。平原地区村庄规划应特别注意多样性农村居住空间形态的创造，努力避免棋盘式布局的单调排列。在水网密集地区，必须重视对水街、水巷、码头、桥等滨水空间要素的处理，水系既是农民对外交通的主要渠道，也是生活的重要场所，水网还决定着整个村庄的形

态特征，池塘、湖泊周边往往是村庄的公共活动中心。利用好水系，可以使得村庄的空间环境更加富有情趣。

3. 村庄道路

村庄道路除了交通作用外，还具有形成村庄结构、提供生活空间、体现村庄风貌、布置基础设施等多方面功能，是村庄规划中重要的基本要素之一。村庄道路不但理所当然地承担交通和布设各类市政管线的功能，也是村庄结构的基本骨架，道路格局影响着村庄形态，道路的断面及宽度影响着村庄内部空间。村庄道路为村民日常交往提供了空间，街道、巷弄是人们交往机会最多的地方，由于人们的户外活动是以道路为主，建筑绿化也多是依路布置，因此沿路的景观基本体现了村庄的整体环境风貌。村庄道路有不同于城市道路的特点。首先，村庄道路中以步行为主的道路断面可以比较简单，大多适宜采用块板的形式；其次，村庄道路能方便地到达每家每户，而不需要像城市道路那样复杂的系统。

传统的村庄道路与当代的村庄道路也有不同的特征。在以水运为主的年代，陆路运输量相对较小，主要适应步行，因此，传统的村庄道路供行人使用，与迎风地形地貌结合较好。当代的村庄道路除了满足步行交通外，还需适应合理的机动车交通需求。

4. 村庄绿化

绿化是村庄景观的重要内容，是维持村庄良好生态环境的重要因素，是发展村庄经济的重要方式。同时，年代久远的古树名木是村庄文化的特殊载体，"房在绿中"的空间关系也是最基本的乡土风情之一。传统的村庄绿化经过长期的自然淘汰和人为选择，具有很强的适生性，充分体现了绿化与村庄的有机融合，展现了村庄的乡土风貌，营造了村庄的文化特性。它总是与人的活动、人的视觉焦点结合在一起，桥头、村口、水边、院内，位置自然、生机盎然，展现了村庄绿化应有的特性。

（二）景观设计中的空间要素

1. 公共空间

公共空间一方面使周边建筑功能多样化，另一方面空间尺度的变化也能打破单一的街巷线性空间，丰富村庄空间形态。村庄公共空间是村庄民众活动的主要场所，可以促进居民邻里的交往，在日常生活中增进了解与交流，避免邻里冷漠与社会的隔离。同时，在居民交往的过程中，村庄的生活习俗、故事传说、地方语言等传统文化在无形中得以传承，随着村庄公共空间使用频率的提高和参与使用居民的增多，能够显著提升村庄的活力。此外，村庄的公共空间可以与生活配套服务设施结合，为居民提供商业、文化、娱乐等多项服务，推动村庄第三产业的发展，有效提升村庄的经济活力。

2. 院落空间

农村的院落适应农村家庭的户外活动需求，不但是对居民住宅界线的界定，也是生产、生活的需求。一般而言，村庄住宅院落需要满足居民生产、生活资料存储、户外起居、配套厨房、厕所等功能要求。村庄住宅院落应与庭院经济相结合，通过设置家庭手工业生产场地、经济作物种植园地，推动家庭副业的发展，增加农民收入。院落是丰富村庄空间形态、构筑特色景观的重要元素，通过建筑与院落、院落与院落之间的拼接组合，形成错落有致、变化多样的村庄空间形态，体现村庄的空间和风貌特色。

3. 滨水空间

滨水空间在村庄交通、生态、景观等各方面都具有重要作用。沿河的滨水道路往往是水运与陆运转换的节点空间，具有较强的交通性，在以水运为主的村庄这种交通作用尤为明显。村庄的河流一般是村庄的直接水源，其生态保护作用也十分重要，滨水区域物种丰富，是保护生物多样性的重要地带，滨水空间将周边自然生态引入村庄内部，能够极大改善村庄的生态格局和居住环境品质。同时，滨水空间也是塑造村庄景观、体现村庄特色的重点区域，村庄随着河流走势自然生长，可以形成优美多变的村庄形态和空间，营造村庄独特的景观系统。因此，村庄规划应高度重视滨水空间的安排、保护和利用。

4. 农业生产空间

农业生产空间按类型可分为主要生产空间和配套生产空间。主要生产空间包括养殖、种植和小型加工、手工业所依托的建筑、场地、水体、田地等，主要生产空间直接生产农副产品。配套生产空间指辅助生产所必需的建筑、场地，如库房、修理站、晒场、堆场等。

此外，养殖业、小型加工厂等对村庄环境有较大影响的生产空间应布置于村庄外围，并与村庄保持一定的安全防护距离。晒场、堆场、种植园等生产空间宜结合村庄住宅组群布置于村庄边缘，方便村民使用，同时，形成村庄的公共空间，加强邻里交往，提升生活品质。手工作坊宜根据其对环境的具体影响情况区别安排。不影响环境的可结合居民住宅分散布置于村庄内部，有利于提高工作效率，充分利用居民的空间、时间，创造经济效益。

（三）乡村振兴中景观设计应遵循的原则

1. 保留乡村的精神空间

乡村地区不同于城市，中国农民在多年来传统农业生产日复一日的劳作中，共同构成一张强大的精神关系网络，例如宗族关系、邻里关系。那么设计师在介入这样的环境景观设计时，前期的调研和分析就很重要，除了要了解当地地形地貌、气候、水资源、植被等自然要素外，还要了解当地的历史文化背景、民风民俗、宗族关系、邻里关系等（在第四章中将介绍阅读景观和调研景观的具体方法，以对这些自然与人文景观要素进行分析和表达，为后期的设计做好基础）。其目的在于景观的营造，保留乡村的文化记忆与乡愁，让村民和来乡村的归乡人产生归属感、认同感。

2. 重构乡村的生活空间

乡村发展就是更新其物质生存空间，即具有良好的生活空间、生态空间、生产空间。例如，"厕所革命"就是为改善乡村卫生设施的一次努力。很多高校相关专业的学生也在思考尝试解决这个问题，提出各种符合不同地域环境的设计方案。除了美化建筑外形、环境空间外，学生们还在经济实用和废物利用上做出了努力和尝试。例如干旱缺水地区采用旱厕，利用当地家家都有的柴火烧尽的草木灰进行掩埋堆肥再利用。一些南方地区则将厕所与沼气池结合，转化为绿色能源供村民日常生活使用。这些设计均建立在节约资源、成本的基础上，并将废弃物转化为可再利用的材料。

一些乡村的公共空间改造项目，由于诸多原因被荒废，变成了脏乱的地方。将这些地方进行环境优化可以从整体上改变村容村貌，同时也为村民们日常聚会、交流、节庆娱乐提供了场地。那么在改造这些场地的时候，尽量不要盲目地、千篇一律地照搬城市经验，如大面积的硬质铺装或者修剪整齐的植物造景，而应该更多参照原有村落的建筑材料和肌理，就地取材，利用专业知识将乡土材料整合出艺术形式，利用天然肌理建造出当地独特的景观特色（图3-6）。

3. 传承乡村文脉空间

这里的文脉不仅包含当地的历史文化遗迹、民居建筑、乡风乡俗、家规家训、民俗技艺，也包含中国人在五千年文明中所传承下来的朴素、勤劳、勇敢、诚信、友善的优秀品质。这都是乡土环境孕育的民间瑰宝，是乡村文脉的现实体现。传承文脉要做好乡村文化遗迹的保留，例如传统民居建筑、村口的牌坊、老井、百年的老树，它们是乡村发展过程中留下的烙印，这些都可以变成景观设计中的文化元素和视觉焦点，可以通过

图 3-6　乡村公共空间改造

景观叙述一个故事，让它在景观的演进中不断变成新景观，也就是说，让这些历史文化还有未来发展的可能。乡土可以再造，乡村空间也在变化，旧貌换新颜，但那些存在的文化记忆与乡愁景观不会改变，这些乡土、乡情可凝聚为文化力量，也是乡村振兴的根本。

四、居住区景观项目

居住区用地往往包含住宅、公共服务设施、道路和居住区绿地几大块，其特点是供人们休憩的场所，同时兼顾交往、健身、娱乐、照顾老人小孩需求。因而需要有一定的人性化设计和提供以上活动所需要的基础设施和户外活动场所，例如儿童游乐设施、健身设施、户外休息家具。同时也需要满足人们的视觉审美需求，使人们居住得舒心愉悦，因而在小区景观绿化、雕塑、小品等元素的设计上要具有一定的观赏功能。居住区景观设计与营造过程中，硬质景观与软质景观根据居住户数合理协调，要本着人文生态、自然生态兼顾的原则。

住宅区的设计要点是要处理好建筑周围预留的空地，其中包括通向住宅入户的道路、宅旁绿地、储物间等。处理好公共服务设施周边的场地以及一些专用通道周边景观、绿地等，例如配电房周边景观、停车场出入口周边的绿化等。居住区道路在景观设计中也是非常重要的部分，通常根据所需道路的宽度进行设计，分为双向车道、单向车道、人行步道、入户道路等。道路景观设计要具有导向性以及回环性，尽量人车分流保证通行的安全性。

材质的选择不宜采用无防滑措施的光面石材、地砖或者玻璃等。植物景观的选择上要体现地域特色，合理配置常绿与落叶、速生与慢长、观花与观叶植物，构成多层次复合生态结构，做到四季有景可观。

五、庭园景观项目

庭园是由建筑与围墙围合成的室外空间，庭园设计主要指建筑单体或者建筑内部的室外部分空间的设计。庭园空间可以说是室内空间的延伸，无论是公共庭园还是私人庭园，都是以服务人休憩、娱乐为主要功能的。

庭园一般由前庭和后院组成，通常我们把前庭看成到达住宅建筑的主要入口和"门面"，它是主人及来访者进入宅院的主要通道，其视觉效果是设计的侧重点，往往也代表着宅院主人对环境的认知以及对环境性格的偏好与品位。后院一般容纳更多的实用功能性，例如进行户外就餐、娱乐、休憩、读书、种花等。中国古人十大雅事——焚香、品茗、听雨、抚琴、对弈、酌酒、莳花、读书、候月、寻幽，往往都是在后院中进行的。故而，后院往往容纳了多种功能与室外家具、设施等景观元素。

庭园如果按照其平面布局，往往可分为自然式、规则式及混合式，这个在第二章讲到景观植物的布局形式时已经分析过。另外也可以按照其设计风格分为中式庭园、日式庭园、英式庭园、美式庭园、现代庭园等。

（一）中式庭园

中式庭园追求"道法自然"的设计理念，将园林建筑、山石、水景、植物等融为一体，与回廊、曲桥相互映衬，丰富的石景、曲折的连廊、多样变化的空间，组成如山水画一样的空间格局。咫尺山林，写千里之景。庭园风格也是主人性格与品位的写照，与自己相见，与自然相见，以如诗如画的方式呈现示人。江南私家园林是新中式庭园营造意境的模仿对象，它寄托了人们对美好、精致生活的向往，也是中式文化的符号。"圆"是中国文化的一个重要精神元素，是中国艺术生命中不可忽视的因素。"圆"有圆满之意，符合中国人内心深处的向往。在生活中，也能见到一些中式"圆"的运用，比如月洞门。连廊、月洞门提取中国传统园林经典元素融入新中式庭园，作为当代新中式美学装饰创作符号（如图3-7和图3-8）。

图 3-7　中国传统园林中的月洞门

图 3-8　新中式庭园中的月洞门与连廊

（二）日式庭园

日式庭园以禅意、侘寂的格调独具一格，受日式传统园林思想的影响，追求极简、空灵、禅意、内敛的审美趣味，是向内关照精神性的表达。日式庭园往往设置茶室，所谓"禅茶一味"，日本茶室的设计往往与庭园景观结合，让人感受到精神上的幽远与宁静。枯山水庭园是日本园林比较典型的代表。日式庭园常常以竹篱、石组、苔藓、白砂、残木、洗手钵、石灯笼等造景，植物选择上基本都是绿色细叶的乔灌木，极少用鲜花，红枫是用得较多的彩叶植物，作为点景与背景相映衬。其他灌木与草经过人工修剪与刻意挑选，置于园中，是人工与自然统一的画面（如图3-9）。

图 3-9　2019年深圳大湾区仙湖植物园花展国际园——日式庭园（作者自摄）

（三）英式庭园

英式庭园受英国园林的影响，保留了许多古老的传统园艺，保持着自然乡村风格，如同17世纪英国的自然风景画一样，英式庭园常常无边界感，是与周围自然山水融为一体的生活空间（如图3-10、图3-11）。

图 3-10　英式传统庭园

图 3-11　2019年深圳大湾区仙湖植物园花展国际园——英式庭园（作者自摄）

（四）美式庭园

美式庭园曾受到英国传统园林的影响，追求自由、自然、浪漫的油画风格，后期受到田园牧歌式的园林思想影响。美式庭园以自然朴实、充满活力的色彩为特征。前院往往以草坪、修剪整齐的绿篱为主，后院以遮阴设施、廊架、户外休闲家具为主，以卵石、砖材、木材做硬质铺地，各色草本花卉搭配，营造充满活力趣味的自由生活空间（如图 3-12）。

图 3-12　美国威斯康星州麦迪逊美式庭园及庭园植物（作者自摄）

六、校园环境景观项目

校园环境景观项目是为单独的群体设计的景观项目，学生是校园环境的参与体验的主要对象，按照不同年龄段的使用主体，校园环境景观项目可以分为大学环境景观项目、中小学环境景观项目、幼儿园环境景观项目。其特点是服务对象较为单一，因此要考虑到这一群体的身体尺度、行为习惯、心理特征及动态活动特点。同时校园景观与城市的功能联系较少，相对比较独立。但也有一些特殊的功能要求，例如对植物有一些特殊的要求（如幼儿园里不能种带刺、有毒的植物等）。另外，不同年龄阶段的学生的身体尺度和心理尺度也不同，因此在设计的时候要将不同学校对应的使用者的行为习惯和尺度作为设计依据，例如幼儿园小朋友对色彩的偏好可以作为设计的一个要素。成都哈密尔顿麓湖小学校园景观以绿色森林的梦想为设计主题思想，通过对学生和老师到校全天的行为节奏及内容进行分析，找到小学和幼儿园的不同节奏及对场地的尺度和使用频次的不同需求。通过对到校到离校之间学生和老师的行为动线分析，形成体育场地以外的基本功能设定。由于这是一个关于森林的主题，为了使孩子们的户外生活更大程度地融于自然，设计师选择了绿色作为场所的基调色。建筑的色调还原了彩色的童年，景观采用深深浅浅的绿，亲近自然（如图 3-13）。

七、生态恢复类项目

生态恢复类项目包含工业区遗址生态恢复项目、矿区生态恢复项目、垃圾填埋场生态恢

图 3-13　成都哈密尔顿麓湖小学校园景观

复项目、其他生态恢复项目等。这种类型的项目是由于原有土地遭到生态破坏，要在此基础上进行生态修复，其特点是目标功能很明确，以生态环境的恢复为主要内容，主要考虑自然要素的生长与恢复，其次考虑人的活动。通常要求软质景观多，硬质景观少。土人景观设计的天津桥园公园就是对盐碱地进行生态恢复的一个很好的例子。桥园公园位于天津市中心城区河东区，占地 22ha（1ha＝10^4 m^2）。改造前这里是废弃的军用靶场，盐碱化十分严重，且污水横流，垃圾遍地。该项目修建时间为 2005～2008 年，2010 年获得美国景观设计师协会（ASLA）荣誉设计奖，设计具有代表性和借鉴意义（如图 3-14）。另外矿坑公园、地震公园景观设计也属于这一类型的项目。

图 3-14　天津桥园水岸廊桥

八、其他景观项目

另外还有墓园、陵园景观规划设计项目等其他景观项目，其特点是项目的主要功能比较明确且单一，场地中人的活动带有明显的精神意义，纪念的成分多、休闲成分较少，故而景观设计更多的是通过景观整体布局强调肃穆、庄重的环境氛围。

第三节　景观项目操作程序

一、解读设计任务书

（一）设计任务书的概念

设计师对设计任务书要有一个正确的认识，在此基础上才能理解项目操作的程序。

"解读任务书"首先要弄清设计任务书的目的和作用，其次重新审视设计任务书的重要性。在此环节中，要特别理解和掌握如何通过设计任务书传达对一个具体景观项目的理解和设计要求。从字面上理解设计任务书，可以解释为设计项目委托方给项目承接方下达的具体设计任务文件。设计任务书没有固定的格式，一般而言，大都包含项目概况、规划设计范围、规划设计内容及要求、成果要求、附件等几个方面的内容。

（二）设计任务书的内容

1. 项目概况

项目概况也称作项目背景，介绍该项目的基本情况，包括项目产生的背景、项目形成的过程、相关政策和法律依据、业主对项目的基本定位和要求、项目投资规模、项目的资金来源等内容。

2. 规划设计范围

设计任务书中应明确说明该项目的面积规模和规划设计范围。红线的具体表示方法是在用地范围的每一个边界点上都标明相应的城市测量坐标，然后用红线将各个点沿边界顺次连接起来，形成一个封闭的范围。用红线划定设计范围，因为有边界点的测量坐标，所以比较准确。但在实际中，并不是所有的项目都以用地红线来标注设计范围，比如说原有单位内部的环境设计，其设计范围往往以现有建筑和道路作为边界，由于没有现状地图或者现状图与现实情况存在一定的误差，需要到现场对其设计范围进行踏勘。

3. 规划设计内容及要求

规划设计内容及要求是设计任务书的核心内容，对规划设计人员所需要完成的规划设计内容做了明确说明，一般包括项目定位定性、要求、功能要求、风格要求、技术指标要求、城市规划强制性要求、工程造价估算等。在技术指标要求中，有些是项目委托方根据自身需要确定规划设计指标，如硬质场地所占的比例、每平方米的造价控制指标、建筑所占比例等。有些则属于城市规划强制性指标，只要项目属于城市规划的管理体系，就必须遵循国家及该地城市规划所制定的相关指标，如绿地率指标，国家规定所有新建居住小区，其绿地率不得低于30％，旧区改建不得低于25％，这就是城市规划强制性指标，必须遵照执行。在滨水景观设计中，处理景观驳岸时，还需符合防洪部门确定的最高水位和日常水位指标，以满足防洪和观景的双重要求，这些指标都应该在设计任务书中加以体现和提供。规划设计的内容和要求虽然有共同的地方，但绝不是模式化的，不同的项目应根据自身情况提出不同的内容和要求。像风景名胜区规划以及城市绿地景观系统规划之类的项目，除了要考虑委托方的要求外，还必须符合该类项目的专业技术规范。总之，设计任务书中该部分内容反映了项目委托方对项目的具体考虑和意向，反映了相关的国家和地方的强制性要求。对于前者，设计师在具体分析的基础上应尽量满足，如分析后觉得规划设计要求不尽合适，可以向委托方提出协商修改，即本书后面要讲到的设计任务书的重新审定；对于后者，则必须无条件遵循。

4. 成果要求

设计任务书中一般都对设计的最终成果提出明确的要求，包括图纸的内容和数量。图纸内容指效果图、立面图、剖面图、总平面图、分析图、节点详图、施工图等。图纸数量一般针对方案而言，目的在于通过图纸的数量来控制方案表现深度，比如要求透视图多少张、剖面图多少张。当然，数量上的要求绝不是为了凑数，而是为了将不易表达清楚的地方通过各种技术手段来表达清楚。大多数情况下，设计任务书的具体内容就体现在不同数量的表现图上、图纸的规格大小、图纸的装订要求、图纸和文本的份数、展板规格和数量、电子文件（成果的电子版、动画文件、视频文件等）。

二、景观项目提出的一般程序及工作方法

（一）第一阶段：观察，分析——现场踏勘，资料收集、分析阶段

1. 工作程序

观察、观看、感知、描述、表达命名、展示要素、分析解释各种现状关系、诊断问题等。

2. 工作内容

（1）实地勘测。当前土地利用的情况；环境特点及自然景观；现状交通条件，自然肌理以及交通接入条件；基地与邻近区域的衔接情况；滨水地带、水面、沙漠、丘陵、山景和相关地理地貌特；地方习俗、传统和生活方式等。

（2）图文资料收集。实地勘测资料及文化；地形、建筑物、构筑物现状、水体等数码平面图；规划用地及周边环境的数码航测照片；公共基础设施条件图（给排水图、供电图等）；土壤条件（图文）；地理特征（图文）；植被特征（图文）；气候（文字、表格等）；业主的发展任务书或目标；涉及规划用地和周边环境的官方政策；交通条件图；湿地、岸线和周边河流、溪流。

（3）业主要求。通过座谈、讨论、汇报的方式与业主交流，了解业主对项目的认识与设计意向，获取一些项目基础资料，例如现场图片、各类图纸、相关政策法规、当地的民风民俗等，并根据业主提出的意见进行分析和记录要点，同时也要评估业主提出任务书的合理性，在某些问题上充分达成一致意见，在此基础上为下一步工作提供设计依据。

（4）项目交流。在第一次实地勘测期间，与地方政府相关人员进行讨论，了解政府的意愿和要求，将其包含到未来的设计和发展中。

（5）与业主讨论。总结勘测的结果以及和政府代表讨论的成果，就项目地址、规模、目标意向等基础性问题与业主及其顾问讨论和交换意见。

（6）与使用者交流。通过实地访谈、问卷调查等方式了解使用人群的想法并记录。

（7）与工程施工方交流。针对设计图纸的内容与工程施工方交底并答疑。

（8）与管理者交流。通过面对面访谈，了解管理者希望解决的问题，便于在方案构思阶段提出针对性的设计策略。

（9）需要解决的问题。工作程序与工作内容的吻合或者一致性问题，即工作程序与工作内容的对应关系如何，哪个程序与哪些工作内容相对应。

（二）第二阶段：理解基地，项目策划——项目立意、目标确定阶段

1. 工作程序

（1）机遇与挑战。针对前期收集的资料进行分析，发现设计地块的特点以及建设一个景观项目所具有的优劣势，比如政策上的支持、投资是否充足、业主限制情况、周边环境对本项目的影响等，同时还要认真分析可能存在的各种困难和挑战，比如资金问题、周边环境的限制、规划上的控制等。

（2）定位目标。在详细的现场勘察和资料分析后，列出可能实现的各种项目目标，然后综合分析，选择最可行或者最具合理性的项目目标作为定位目标。

（3）计划/策划。功能现状条件清楚后，接下来就可以根据目标制定具体的项目计划和实现步骤，并且付诸实施了。

2. 工作内容

（1）条件分析

① 相关项目分析。对国内和国外相关项目进行研究，以便更好地理解规划用地的优势、缺点，发掘项目自身的特点，提升项目的潜在价值。

② 自然肌理和土地利用现状分析。准备一份分析报告，阐述基地所在区域独特的条件要素，涉及项目基地内的现状、开放空间结构、不同自然肌理的位置、土地利用情况、地形特点。

③ 考虑紧邻规划基地及整个基地区域的文脉情况。涉及规划用地中不同部分的联系及与整个基地所在区域关联的分析，将影响到规划用地最终设计任务和空间布局方向的确定。

④ 环境质量和自然特征分析。通过对环境要素的分析，可以知道规划用地现状将如何影响总体规划，规划用地如何与相邻区域连接，如何保护敏感的生态环境和强化潜在的视觉景观。

⑤ 道路交通条件分析。对基地所在区域和周边区域现存及规划交通模式进行分析，帮助确定未来道路的层次和进入区域的路线，同时考虑机场位置、公共交通、停车、街道格局、往返交通路线、道路网特征、自行车和行人等对象。

⑥ 公共设施条件分析。根据已有的资料，在总体规划中注明已有公共设施的位置，包括给排水、供电、排洪、照明、通信等。

⑦ 约束条件和机遇评估。完成上述任务后，通过分析，解释所采集信息，完成对区域的重要主题构思。确定区域的自然约束条件和将来可能的设计方向。形成系列的设计原则，作为设计发展阶段的参考。

（2）空间利用方案——用文字或图表表达。根据第一阶段以及上述条件分析所获取的信息，设计一个总体的空间规划任务书，以场地区域的百分比表示不同使用用途的土地相对量，该设计任务书是设计开发的基础，我们可以用概念草图来表达想法。

（3）总体规划的多方案选择。在此工作阶段，根据现场实地勘测和调查阶段所搜集的信息，通过视觉过程制定最符合基地项目特点的设计方向。此工作阶段包括如下步骤。

第一，建立基地的发展目标。用各种草图和图表说明区域的整体潜力，这些图表将说明详细的约束条件和机会，清楚地表明所做出的选择。

第二，确定基地的空间系统。

第三，建立路网平面和交通网络。设计一个整合的交通网络，以及各个区域之间的格局

图，使其可以符合现有的道路和周边地区情况，解决区域开发、交通、安全和公园场地等事宜。

第四，确定发展区域的使用功能。确定潜在的发展区域是总体规划中的一个重要内容，界定发展区域的土地使用性质、使用密度，对基地土地利用有较大的影响。

在总体规划的多方案选择阶段，具体的工作内容如下。概念设计阶段的目标是制定整个区域的规划、开发以及战略的设计方向，需要确定以下几点：发展区域和保护区域；道路等级和初步尺寸；建筑类型和公共空间位置；区划的肌理，尺寸和土地使用的关系；环境系统；与周边已开发土地的衔接，用草图来表明有机组成肌理和整个用地文脉的关系。

（4）汇报与交流。至少有两次交流：第一次是在空间/土地利用方案完成后，听取业主及相关专家意见，总结阶段性成果；第二次是总体规划方案完成后向业主进行汇报和交流，在此期间确定最终的设计方向，提出项目的明确目标和方向，为下一阶段的方案修改与优化做准备。

（三）第三阶段：方案规划——项目意愿赋形、项目实现阶段

1. 方案草案

方案草案的作用虽然看起来不太重要，但实际上它是最重要的步骤之一。它是进入方案和设计阶段前的第一步，因此，需要对功能和空间组织进行更多的探讨，目的在于做好方案设计的基础。

方案草案被分为以下几个步骤：原始场地和元素设计，它包含对空间形态、地标、机遇和方案范围的描述；功能组织，这个步骤涉及对每个功能要素之间必要联系的思考以及从中选择一个组织原则；空间组织，着手空间要素的具体形态设计。

2. 项目纲要

首先，项目纲要是对方案草案阶段理念构思的检验，这时要给方案确定出一种风格，选定比例，考虑整体的色彩、光影、材质等。对方案来说，这些要素放在一起要统一。在这个时候，要和甲方讨论有关最终方案的解决方法。在详细的项目纲要中，初步设计需要考虑两个主要的尺度问题，整个方案的大尺度和细部设计的小尺度。

3. 方案规划——决定一种最终形式

设计方案演示阶段，设计师通过专业的设计图纸向甲方进行讲解，这些图纸能代表方案的设计效果。这种表达可能需要使用三维建模、地形建模等软件。景观设计师也可以用手绘草图或者抽象的图片来表达景观项目的某种设计意向或抽象目标。

4. 最终的规划设计方案文件

最终的规划设计方案文件（辅助方案、指标、图表、照片、表格、模型、沙盘）由于项目类型的不同而不同，但大致可以包括如下内容：

规划设计要求；规划设计原则；总体规划设计概念/思路；区位分析；与周边地区或环境的连接关系；开放空间的处理；重要的建筑要素和特别的公共空间处理；土地利用方案和技术经济指标；环境保护规划方案；关键设施要素的规划布置方案；确定交通模式；人行交通模式；车行交通模式等。

第四章

景观项目的认知与分析

第一节　景观项目的认知

一、景观项目阅读

（一）景观中的文化秩序

　　景观是发现"看得见"以及"看不见"事物的一种工具，我们可以通过观察法和记录法，去了解一个地方的可见自然景观现象以及这些景观现象背后的文化秩序。景观阅读是看到景观的一些现象和创造这种现象动因的研究方法。这个方法包含两个因素：一个是观察的目标，也就是一种专业的意识和眼光，主要是控制自己的主观局限性，不去遮挡某些易被忽视的景象；另一个是理解景观是一个统一又复杂的系统构成，我们寻找构成景观各种单元要素之间的内在联系和相互关系，避免简单逻辑化"原因"和"结果"带来的片面理解。

　　简单的景观阅读是指通过观察、记录、查阅相关资料并分析背后成因，从而提取"可视"景观因素及其背后的信息，包括自然和社会因素两方面的秩序。观察一个乡村聚落空间布局时，可以从自然肌理的形成看出该地区的自然资源、生活状态、生存方式等，也可以从其中具体村落的民居布局、建筑构造、宗族祠堂等了解该村落的历史沿革、宗族文化、家风家训等文化背景。例如皖南古村落，以宏村和西递为代表，是具有共同地域文化背景的历史传统村落，有强烈的徽州文化特色。皖南山区历史悠久，文化积淀深厚，保存了大量形态相近、特色鲜明的传统建筑及其村落。皖南古村落不仅与地形、地貌、山水巧妙结合，加上明清时期徽商的雄厚经济实力对家乡的支持，文化教育日益兴旺发达，还乡后以雅、文、清高、超脱的心态构思和营建住宅，使得古村落的文化环境更为丰富，村落景观别具一格。通过调研阅读宏村景观（图 4-1），可发现整个村落选址、布局和建筑形态，尊重自然、利用自然，强调因势利导，利用

图 4-1　皖南古村落宏村景观格局

天然的地势、水系，规划并建造了以水圳、月沼、南湖为主要水系的"牛"形村落塘渠水利设施，真正做到了"天人合一"的设计理想境界，使宏村村落的整体人造景观与地形、地貌、山水等自然景观和谐统一。

我们可以通过记录和观察一个区域的自然植被情况，了解一个地方的本地树种、乡土植物有哪些，它们的自然色彩有哪些。我们可以根据调查进行分类，根据它们的生态习性安排如何组织景观效果。如暖色系的植物花卉通常种植在建筑的向阳面，因为这类型的植物大部分喜光照需要阳光照射，而冷色系的植物通常种在建筑的背阴面，因为背阴面通常湿润，这种种植设计往往是根据植物的生理习性来安排。

（二）景观单元的空间构成

景观阅读的主要目标是要在整体环境中确立视觉标志性要素，例如一片形态美丽的树林、一块错落有致的农田、一个具有民居特色的村庄等，这些都称为景观单元。每个单元包含简单实体要素，如石头、树木、构筑物、景观小品、溪流水景等，这些称为景观要素。各种景观要素在不同的景观单元的分布组织构成了景观格局，构成景观格局的单元具有多样性，因而形成不同地域特色的景观效果。

景观解析是从整体环境出发对景观单元进行一致性的分辨和逻辑性的提取，目的在于描述空间景象的组织结构，认识单元之间的复杂关系。观察不同类型要素在地图上的形态、分布，包括地质、地貌、水文、植物、城市、村落、交通等，可以通过分析了解土地使用情况及周边环境来进行分析。这种方法应用于景观设计项目前期的景观调查。

二、景观项目调查

景观项目调查是景观认知最重要的手段和途径，景观调查的内容包含相关基础资料收集、基地现状环境的现场观测、社会调查。目标是熟悉基地及周边环境的状况，为后期的景观设计准备充分的资料和设计依据。

（一）实地勘察：直觉印象与专业考察

景观调查的第一步就是实地勘察。美国风景园林大师约翰·西蒙慈的考察笔记中曾写道："设计师设计的不是场所、空间，也不是设施——他设计的是体验。"可见作为设计师，实地勘察体验是必不可少的。实地勘察的方法有两种。

1. 实地观察法

又称为现场踏勘，主要是观察现场的有用信息，调查者有目的、有意识地运用自己的五官感知进行调查，例如眼睛、耳朵等，或者借助科学观察工具或者仪器，直接考察对象，精准地了解场地的有效信息。通过现场观察，自身主体对现场环境会产生感知，并产生直觉印象，后期可以用照片、视频、航拍、手绘图、文字记录等多种方式把第一印象记录下来，这往往可以快速捕捉到场地的基本信息。

2. 专业考察

结合之前已经了解的信息，有针对性地进行专业考察，例如在考察过程中对客观环境中景观单元和景观要素进行提取，从客观实际出发对当地的景观单元及要素进行观察，并且在观察的过程中注意主体差异性，对同一景观单元及要素进行"全面"和"多角度"的观察，避免出现个人主观意识中的"盲区"而影响观察结果。观察的结果可以用专业术语来描述，例如农田、道路、湖面、河流、湿地、荒地、菜地、村庄的公共空间、村落的入口等，还要记载这一地区的景观空间格局。

（二）图纸标注和记录：明确景观标志和标注

景观调查的第二步是记录。首先要明确景观标志，能够分辨不同的景观要素和景观单元类型，明确其在图纸上的构成关系并将其标注和记录在现场图纸上。这是获取第一手资料的重要方法。充分的准备工作是现场工作有效进行的前提，准备工作应该注意以下三个方面。

1. 底图的准备

首先根据项目的规模，选取适宜比例的现状图，应有地名、山体名、道路名、水系名等，并标注出标志物、建筑、构筑物、植物、山体等；其次对现状图进行分析解读，了解地形、地貌、图例，标出景观标注物等，有疑惑的也要记下来；最后将其打印为纸质版便于携带（如图4-2）。

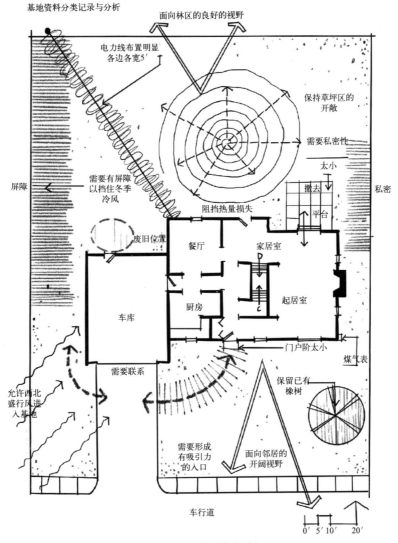

图 4-2　现状分析解析

注：1′＝0.3048m。

2. 标注主要内容

首先标注景观单元和要素的位置、形态、相互关系等，尽量做到全面详尽，事先列出清单；其次对于一些与图纸上变化较大的景观单元和要素进行标注和对照补充，还要对一些重要的视点和景观标志物进行标注；最后注意标注现场照片的拍摄角度，避免忘记和混淆拍摄地点。

3. 标注的方法

尽量建立一套标注惯用图例，这些图例往往是行业内通用的表达符号，便于高效地记录现场情况，也便于后期在团队内部或与甲方交流过程中作为讨论的基础图纸，往往也可以标注简单文字关键词作为说明（如图 4-3）。

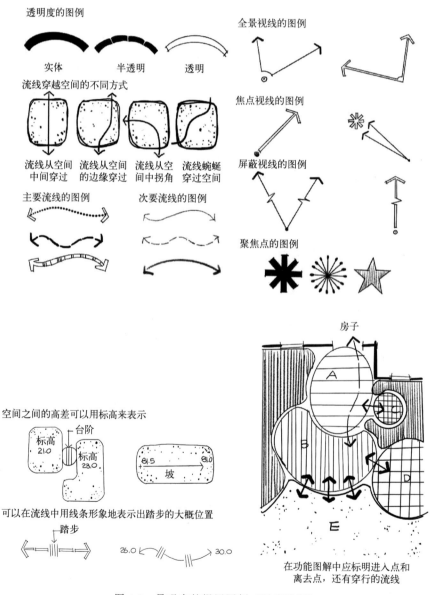

图 4-3　景观中的惯用图例（阮晓绘制）

（三）拍摄照片和动态视频：记录现场实态

拍摄现场照片可以记录现状，在后期设计时照片可作为底图进行对比分析，更加直观高效，这是理解景象与人感知之间关系的途径。拍摄过程中，调查地区最大视域内的总体景观一般是俯视取景，同时注意拍摄地点和角度。另外近几年无人机在环境勘测中被广泛使用，可以非常便捷地获取俯视视图和动态视频文件。当然，针对局部空间设计，也可以以人的视角拍摄具体地点的照片，便于后期分析和对比。

在选取拍摄画面时注意选择有代表性的景象，也可以说是标志性景观。可以是全览景观，也可以是一个小的景观单元或要素。例如在乡村景观中的单元和要素，就包含了地貌（包括农业梯田、河流、水土流失形态、水库、河坝等）、植被（包括潮湿地带植物、农田、耕地、庭院种植和荒地等）、农业（包括耕地、林地、草药种植、大棚种植等）、村落（包括平面布局、民居、村落绿化种植、庭院花园、村庄公共空间、入口边界、历史变迁、历史传说与景观的关系等）、生活与劳动（包括集市和商业、出行聚会、手工业、民俗文化、饮食文化、邻里关系、宗祠与信仰等）。

（四）社会调查：背景项目信息采集

景观认知和表达中，场地使用人群的行为习惯、场地及周边的历史文化内涵不可忽视。人类生活习性及生产方式是聚落型的，存在聚集性活动，因此不可避免地发生着联系，从而产生复杂的社会关系。故而了解这些社会、经济、文化、政治的关系在空间上的映射是必不可少的，需要用社会学的方法进行调研，主要包括以下几种方法。

1. 文献调查法

文献调查法即历史文献法，就是收集各种文献资料，摘取相关有用信息，研究有关内容的方法。

2. 集体访谈法

集体访谈法即会议法，通过展开会议或者座谈的方式了解场地情况，这是一种比访谈调查法更为复杂、更难掌握的调查方法。调查者不仅需要有熟练的访谈技巧，更要有驾驭调查会议的能力。

3. 问卷调查法

问卷调查法又称问卷法，通过设计具有一定结构和标准化问题的表格来收集资料，它是社会调查中最为广泛的方法之一。景观认知的社会调查，不能只是收集一堆数据和资料，更重要的是对真实的人和环境进行调查，从而得到更真实、有效、具有说服力的调查结果。

第二节　景观分析与表达

一、平面形式分析与表达

平面图是从正上方的视角对地面景观进行描绘的图纸，是一种十分常见的用于展现设计的绘图类型。平面图是与真实景观相关的、未失真的二维测绘图。它在地图上描绘了设计景观的水平面，展示了景物的形状、位置、面积、比例及特定区域内各个组成元素的关系。一张平面图代表了一种想法，是对一个概念的整体布局的展示。景观设计常用的平面图包括以下几种。

1. 卫星图片或航拍图

卫星图片或航拍图用于记录某一时刻详细真实的影像信息（如图4-4、图4-5）。

图4-4　航拍地形图——宁南县西瑶镇水库村　　图4-5　航拍地形图——宜昌青林古镇乡村改造基地

2. 地形图

地形图是展开工作和思考的基础图形资料，也是景观设计中非常重要的工具，它具有标准的比例尺、定位坐标，可规范地表达地貌等信息。

3. 地理信息系统

GIS（地理信息系统，Geographic Information System）分析是一种基于计算机的工具，它可以对空间信息进行分析和处理。GIS技术把地图这种独特的视觉化效果和地理分析功能与一般的数据库操作（例如查询和统计分析等）集成在一起（如图4-6）。

GIS在城市设计和景观设计中应用广泛，从设计到管理，从前期资料收集整理到成果出图，从小范围的详细规划到大尺度的区域规划等。规划方案引入GIS空间分析功能（如图4-7），可为场地设计提供依据。

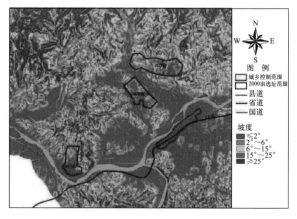

图4-6　GIS图　　　　　　　　　　　图4-7　GIS空间分析功能

4. 绘制平面图

在平面上表现某类用途的信息，记载场地周边信息，及现有的自然资源、气候等信息例如周边的街道情况、日照、光线、现有植物等信息等。另外还有抽象平面图、结构图和示意图。这种表达往往用于景观设计初步构思阶段的设计（如图4-8），也可以是围绕某一抽象主题展开分析和表达思路。例如对空间结构表达，对交通流线的表达（如图4-9、图4-10）。

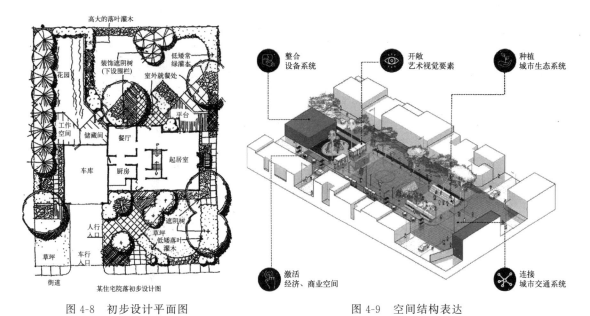

图 4-8　初步设计平面图　　　　　　　　　　　图 4-9　空间结构表达

二、剖面图分析与表达

剖面图是指一个场所垂直切面的平面绘图。剖面图所包含的物体，是设计师希望用来凸显环境，但又不直接出现在剖面线上，而是出现在剖面线后面的物体。这些附加对象要按准确的比例绘制，不包括投影缩减和变形的影响。剖面图是展现场地垂直面的强大工具。景观剖面图用于展示土地地貌和景观要素之间的空间分布关系以及空间尺度和视觉关系。剖面图上用到的图例主要表达高度和宽度，宽度代表物体占地面积的大小，高度代表海拔、视线、空间的封闭、开敞度等因素。剖面图还可以表达地下的地质、工程构造等内容（如图4-11）。

图 4-10　交通流线表达　　　　　　　　　　　图 4-11　剖面图

三、轴剖块形式分析与表达

轴剖块在表达景观现状要素之间关系方面，具有直觉感、整体性强的特点，它是三维的，同时可以表现平面和剖面甚至更多的信息，这种轴剖块可以是概念性的，也可以是具体实际的。绘制景观轴剖块的目的是表达基地或者某类土地空间景观单元和要素与其附着的地形之间的组织关系（如图 4-12）。

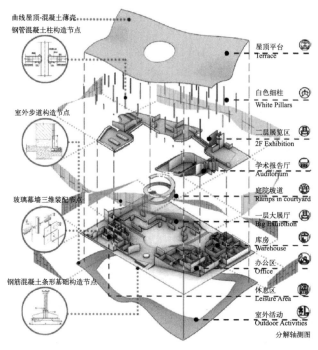

图 4-12　轴剖块表达

可根据一张照片、地形图，用鸟瞰透视或轴测的方法画出地形的体块，或者用计算机 SketchUp 或 3ds Max 软件绘制，或者制作实体模型。在绘制轴剖块时，最注重的是整体的关系，用几个轴块分别表示不同景观要素系统结构关系，例如植物、河流、人居聚落等（如图 4-13、图 4-14）。

四、透视图分析与表达

透视图是以二维平面的形式展现的三维设计图。通过透视图的描绘，人们能够直观感知到更加真实的场景。透视图能够展示设计中某个景点最佳时段的成熟景象。有些人很难读懂平面图、剖面图，而透视图是最容易读懂的一种形式，因此透视图成为传达设计理念的重要工具。透视图在景观设计师所创作的一系列图纸中有着举足轻重的作用。透视图主要关注项目要表达的特殊的、重要的、敏感的目标，根据目的和功能可分为多种方式。但是透视关系使得图形方面的

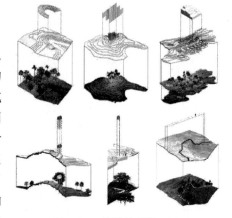

图 4-13　地形轴剖块（1）

信息传递不是很精确，因此一般不用作表达平面比例关系的分析图（如图4-15）。

图 4-14　地形轴剖块（2）

图 4-15　桃浦中央绿地规划透视图（1）

从视点观察到各种景观要素的层级关系，透视图是较为直接的一种表达方法，例如在景观设计中，透视方法是选取视点位置和视觉景象分析的重要途径；或者是表达一种气氛、效果，一种一般意义上的舞台戏剧视觉效果的方式；或者是用来完善项目文本，让项目的设计意图更直接、容易地表达出来（如图4-16、图4-17）。

图 4-16　桃浦中央绿地规划透视图（2）

图 4-17　工业园区时代广场景观局部透视图

五、照片的景观分析与表达

运用计算机绘图技术，调选典型景观照片，通过对照片和地形图的判读，选择颜色图例，将不同要素透明覆盖，将地形地貌与景观要素的构成分布形象地表达出来（如图4-18）。

图 4-18　深圳光明区某街道景观现状分析

利用现状照片，通过计算机处理，将设计内容绘制在照片上，这样的表达效果更为真实，也更能表达设计师的风格。这也是用来表达景观设计最终效果的方法。道路是人们感知土地景观特色的主要场所，道路上的视线分析，使我们能够得到日常生活中"习以为常"的景观形态，帮助我们了解和发现当地人的生活空间、景观环境和自然空间的关系及问题。

第三节 景观项目调查与实践

综合以上景观认知，进行具体景观项目的调查，并在此基础上完成景观设计创作实践。此次调研以艺术工作坊的形式进行，项目由孝南区西河镇红林新村村民委员会主办，并联合中南民族大学美术学院环境设计专业师生以及相关的设计单位参与构建了乡村景观营建工作坊，中南民族大学师生参与了景观项目的调查与设计实践。

《中共中央、国务院关于实施乡村振兴战略的意见》对实施乡村振兴战略作出顶层设计，把振兴乡村作为实现中华民族伟大复兴的一个重大任务。乡村振兴战略的目标是：到2020年，乡村振兴取得重要进展，制度框架和政策体系基本形成；到2035年，乡村振兴取得决定性进展，农业农村现代化基本实现；到2050年，乡村全面振兴，农业强、农村美、农民富全面实现。国内乡村景观设计起步较晚，没有先例可以借鉴，不能给人良好的视觉体验，景观缺乏互动性与参与性，人与景以及人与自然之间的交流较少。在这样的时代背景下，景观设计从业人员需将景观设计助力国家乡村振兴作为自己的时代使命，将专业知识运用于乡村设计实践。

一、景观设计助力国家乡村振兴——大黄湾景观项目调研

（一）地理区位与自然资源

大黄湾村位于湖北省东部偏北，西接孝感，北靠大别山，南邻京广铁路和黄孝高速公路，交通条件便捷，具有独特的区位优势，基础设施完善。大黄湾村具有多种自然资源，以农业种植为主，适宜农业开发和作为工业用地，旅游资源丰富（图4-19）。

图4-19 大黄湾自然景观资源

（二）村落历史概况

据访谈了解，该村人祖上大部分是从江西筷子巷迁移而来。村子只有几十户人家，从相

关网站查找到大黄湾景观格局（如图 4-20），整个村子场地规整、开阔、干净。在该村前期的环境改造工作中，当地乡贤和村委主导，村民自发自愿地拆除了大量老旧、占道房屋，给村子打下了良好的改造基础。整个村子既保留了原始的乡土风貌，又大体完成了硬化、基础设施改造等内容，为进一步乡村的美化和优化提供了空间。村民齐心协力，美化家园的集体意识强，具备较好的群众基础。

图 4-20　鸟瞰大黄湾景观格局

（三）社会调查访谈

在现场进行景观观察、查阅该村的历史人文情况之后，对作为环境使用主体的村民进行了访谈，村民们表达了他们的需求。

（1）需要修建公共活动场地，一个可供村民乘凉跳舞的地方。

（2）需要美化街巷，针对小巷子杂草丛生、乱丢垃圾的情况，村民表示愿意出钱出力，拿出小巷子和小菜园来共建美好家园。

（3）需要体现对家乡的认同感和自豪感。村民表示以前羡慕城市小区干净整洁，希望以后村湾改造得比城里更好、更宽敞、更清新。

（4）需要乡贤、村干部、党员群众代表共同商议主导，始终把村民所想放在首位，贯穿全过程，随时听取群众意见，让广大村民始终参与到决策、建设、管理的过程中来，及时修正改造方案，关注群众诉求，引智招商。

二、乡村振兴景观项目——大黄湾景观项目实践

设计师在景观调查过程中记录了此地的生产场景、农民的日常生活方式、当地的乡土植物、人们喜爱的动物等，发现有些村民家中有闲置的旧器具，经过了解这些老物件是曾经农耕生活、生产的器具，因为新的生产方式代替曾经的人工劳动而闲置在家。乡贤们组织村民将这些老物件捐献出来并作为乡村建设的景观材料。在景观设计中设计师利用这些材料作为景观元素，重新进行组合搭配，并加入新的元素，形成了可以让村民们追忆的场景（如图 4-21）。例如用老物件和当地的盆栽植物结合搭建具有当地特色的微景观作品，在民居墙面上绘制村民们的日常生活场景，重构该村落的公共空间，这些素材多来自村民或者他们的祖辈往昔曾经的日常生活，既提升了村落人居环境的乡土艺术气氛，又丰富了村落生活空间，增强了村落的文化记忆。

图 4-21　村民捐献的老物件

　　工作坊小组成员在景观现场调研和资料查阅基础上，拟为村庄进行四处节点改造，将景观连片，形成片区效应，同时分别选取村湾内的菜地、广场、巷道等不同景观节点为改造示范点，便于村湾后期在遇到类似景观节点时可自行按照这种模式进行改建，起到范例的作用。收集来的老物件有坛、罐、旧轮胎、木水渠、木橱柜、鹅卵石、麻绳、竹篱、簸箕、旧扁担、水桶、手推车等，设计者将其作为景观元素运用于四处节点：《收藏的记忆》《乡村小院》《路边的乡野花园》《树下童年》，进行了乡村在地化微景观改造（如图 4-22）。

图 4-22　乡村微景观改造

第五章

景观方案的设计与表现

第一节　景观设计要素图解基础

图解是认知、思考和表现设计过程中一种图形化的表现方法。图解不仅在设计构思阶段有着重要的作用，还贯穿于整个设计过程之中，是设计由抽象的思想变为具象的设计结果的一种重要手段。景观设计要素图解主要是通过手绘的方式，做到"脑-眼-手-笔-图"系统联动，达到设计师和自我的"交谈"，在整个"交谈"过程中，设计的思路和结果逐渐呈现并完善起来。下面我们来看看在景观项目方案设计过程中，应该如何用景观图示符号表达设计构思及经验要素。

一、工具与方法

古人云："工欲善其事，必先利其器。"绘图工具要专业，但不必华丽，设计师通常经过对比、筛选，会选择自己习惯的工具，只要是用着得心应手、方便携带、适合自己就好。一般来说，绘图工具主要有笔、尺、纸及其他辅助工具等。

（一）笔

铅笔、钢笔、中性笔、针管笔、马克笔和彩色铅笔都是图解表现中常用的工具，每种笔有其各自的特点。铅笔使用和携带方便，易于修改，使用同一支笔能表现出线条的深浅及粗细变化，在不同的纸上也能够呈现不同的纹理。尤其是在画方案设计徒手草图时，能及时捕捉设计灵感，使之跃然纸上（如图5-1）。

针管笔有粗细不同规格。景观绘图中多使用 0.1～0.5mm 的一次性针管笔，它比中性笔更稳定、更顺畅、干得更快，因此更易于和马克笔、彩铅等有色笔配合（如图5-2）。

马克笔分油性和水性两种：油性笔渗透力强，干得快，色彩润泽，颜色可适度叠加，所涂色块笔触衔接自然，边缘渗透明显，但气味大；水性笔没有气味，色彩艳丽，色块笔触衔接明显，边缘整齐，但干得慢，重复覆盖后会变脏（图5-3）。马克笔颜色众多，每种品牌的色谱略有不同，因此学习者可以根据自己的需要和习惯制作色谱，以便使用方便快捷。马克笔的绘制通常按先浅后深的步骤作画（图5-4、图5-5）。

图 5-1　铅笔表现图（欧阳文字绘）　　　　　　　图 5-2　针管笔表现图（韩枫绘制）

图 5-3　油性马克笔和水性马克笔　　　　　图 5-4　同色马克笔在硫酸纸和白纸上的效果
　　　　　所涂色块的效果

　　彩色铅笔可重叠上色，可修改，非常易于掌握，其图面效果清新淡雅，与优雅流畅的线条配合作画，相得益彰。彩色铅笔可分为不溶性彩色铅笔和水溶性彩色铅笔两种。不溶性彩色铅笔可分为干性和油性，价格便宜，初学者易于掌握。水溶性彩色铅笔的笔芯能够溶解于水，用湿笔画图时色彩会晕染，形成水彩般透明的效果，色彩柔和（如图 5-6）。

图 5-5　马克笔表现效果（阮晓绘制）　　　　图 5-6　彩色铅笔表现效果（朱道涵绘制）

（二）尺

　　除比例尺外，一般在徒手草图阶段不太会用到尺，尺多在方案基本确定后的初期、草稿阶段以及方案正稿的制图中使用。尺主要包括丁字尺、三角板、比例尺、曲线板和各种模板尺及圆规等。丁字尺主要用来控制水平线和垂直线的位置，三角板主要用来控制线条的角度，它们都可以当直尺使用。

景观设计中使用的模板主要有圆形模板、椭圆形模板、综合模板等多种类型，模板上提供了绘图需要的多种尺寸、图形，大大方便了绘图，比如景观设计中植物平面图的树形轮廓就可以通过不同尺寸的圆形模板或圆规等工具进行绘制（如图 5-7、图 5-8）。

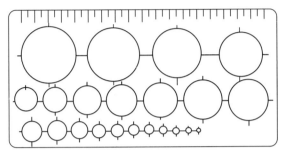
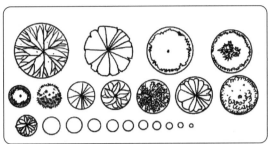

图 5-7　利用不同大小的圆形模板绘制植物平面图（阮晓绘制）

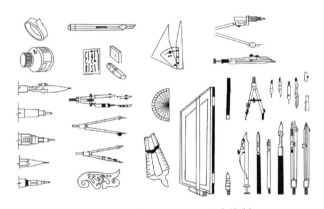

图 5-8　圆规等绘图工具（阮晓绘制）

（三）纸

景观制图对纸张没有特定要求，不同质感的纸与不同种类的笔会产生不同的表现效果。通常会选用表面平整、光滑的纸张，如价格低廉的打印纸是初学者练习的好选择。

拷贝纸和硫酸纸是景观设计绘制草图阶段的重要纸张。它们都具有半透明的特征，但拷贝纸比硫酸纸薄。每次修改可以在上一次图稿的基础上局部修改，非常方便，节省时间。坐标纸也称作网格纸，使用坐标纸绘图能够较准确地掌握尺度，有助于培养空间尺度感，通常用硫酸纸蒙在坐标纸上进行绘制，这样能够削弱坐标格对视觉的影响，同时又为透明的硫酸纸提供了绘图时的尺寸参考（如图 5-9）。

图 5-9　利用坐标纸和硫酸纸绘图

二、图解表现的训练

（一）徒手画

徒手线条图的练习应从较简单的直线段开始，包括水平线、垂直线和斜线以及等分直线段的训练，然后练习直线段的整体排列和不同方向的叠加。在此基础上，练习徒手曲线及其排列和组合、不规则折线或曲线以及不同类型的圆。最后是以上各种类型线条的组合练习。徒手线条图是通过不同的线条组合方式，来表现不同的质感特点（如图 5-10）。

图 5-10　徒手线条的练习（张周瑞、李超绘）

（二）景观设计常用的图解符号

图解符号就像人类的语言一样，是一种图示语言。图解符号表现的是各个设计要素或功能空间之间的关系，以及人对其关系的思考。景观图解符号并没有严格的规范或规定，而是每个设计师自己的一种习惯，但对于某些符号人们是可以达成共识的，这些符号易于表现、简单明了。图解符号只表示大致的界限和方向，并不精确地代表边界或位置，在构思阶段常用的图解符号有以下几种。

1. 空心的圆圈

可以用来表示不同的空间或功能区域，可以代表某一空间、某一要素的位置、面积较大的某一区域、某种功能等。实线和虚线可以在一张图上用以区分不同的含义。

2. 各种粗细和不同类型的线，加上单向或双向箭头

可以表示某种联系或运动轨迹。如代表人行车道、机动车道、线性空间、运动方向、人流轨迹等。

3. 星形或涂黑的点

可以表示重要的活动节点、人流集聚的地点、潜在的冲突点以及其他重要的意义。

4. 三角形

可以表示入口，有时候也可以变形为方向性更强的箭头，表明进入方向。

5. 之字形的连续线段

可以表示某一屏障，如墙、栅栏、河堤、景墙、绿篱等。

6. 各种结构图

可以用以上几种类型的圆圈、直线、箭头，形成某种鱼骨状或树枝状的结构图形，通过结构图对整个设计进行理性的分析（图 5-11、图 5-12）。在进入正式的图解表现时，即绘制平面图、立面图和剖面图时，则需运用标准的制图符号进行图解符号的绘制，如指北针、比例尺、图名、引注线等。

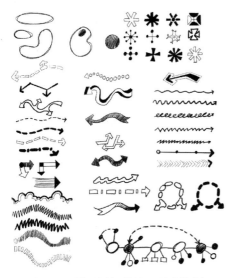

图 5-11　景观图解符号（阮晓绘制）

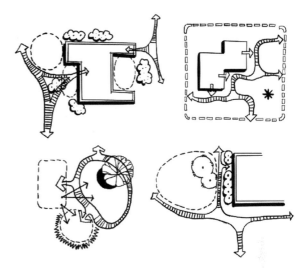

图 5-12　构思阶段常用的图解符号（阮晓绘制）

第二节　景观设计的图解表现

一、构思草图

构思草图是提高创造性思维的有效途径。建筑大师勒·柯布西耶认为："自由的画，通过线条来理解体积的概念，构造表面形式……首先要用眼睛看，仔细观察，你将有所发现……最终灵感降临。"

构思草图又称为概念性草图，是在设计构思阶段，设计师通过对实际场地和背景资料的分析研究，将自己的初步设计想法转化为设计语言，用笔在纸上快速表现出来。景观的构思草图是设计初始阶段的设计雏形，设计师将自己的思考过程潦草地表现在图纸上，并借助简单的图解符号进行表现。方案构思草图是对场地现状的分析及对设计内容的推敲，具体包括反映环境关系的总平面草图，反映功能关系的平面草图，反映地形和视觉层次以及空间形态的剖立面草图和体现细部构造的节点草图等。同时也包括设计师灵感突现时勾勒的无序线条。这个阶段也是设计构思立意的确立阶段，是将设计思想主题转换为形态的过程，也是从构思到形式的过程（如图 5-13）。

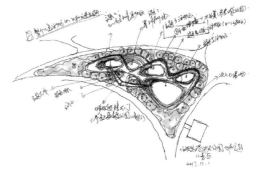

图 5-13　构思草图

二、景观分析图

景观分析图是表达设计思路的重要途径，在设计项目创作条件分析的前期、中期、后期，都需要设计依据，当设计基本完成后，分析图通过概括、精炼的图示语言能够向他人阐释具体的设计思路。在演绎景观项目的过程中，需要通过使用各种各样的分析图，来帮助我们更加清晰直观地表达设计意图。通常景观分析图的类型有以下几种。

（一）区位分析图

区位分析图是表达对设计项目所在的地域、文化、环境等因素的了解与认知，是所有项目设计开始前的准备工作，包含地理区位、自然条件、周边环境、配套设施、当地人文历史等情况的展示。

（二）交通分析图

交通分析图是表达设计区域及周边的主要和次要交通流线、出入口、区域内部的各级道路分布情况。有时候为了交代清楚交通与功能之间的关系，往往与功能分析图合并（如图5-14）。

（三）功能分析图

功能分析图表达设计场地中各个部分的大致范围、使用功能，以及各部分功能之间的相互关系、整体关系等，是体现设计师概念方案雏形的有效方式，合理的功能分区对草图深化是十分有必要的。同时也要考虑各部分功能与动区、静区的关系，例如入口和中心区一般为动区，静区的位置适宜布置在边缘位置（如图5-15）。

图 5-14　交通分析图

图 5-15　功能分析图

（四）空间结构分析图

空间结构分析图的处理要点就是一定要有对比，如大节点和小节点的对比、大空间和小空间的对比等。处理好大小关系，空间结构序列感基本上就出来了（如图5-16）。

（五）视线分析图

视线分析图是表达在空间环境中人的视线与景物之间的关系，中国传统造园理念中讲究

"移步换景，步移景异"，讲的就是景观视线的设计。我们在平面转立体效果的时候往往会忽略视线分析。如果前期将视线分析的工作做足，处理视线焦点看面的时候重点突出，更容易打造出怡人的景观空间（如图 5-17）。

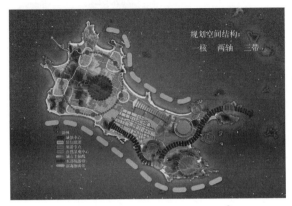

图 5-16　空间结构分析图

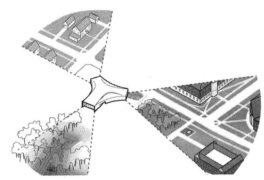

图 5-17　视线分析图

（六）种植分析图

种植分析图是表达植物造景设计过程中对植物要素的设计表达，有平面空间、竖向空间分析，以及从生态学视角对物种多样性的考虑与分析（如图 5-18、图 5-19）。

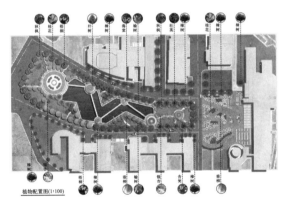

图 5-18　某校园中心绿地平面种植分析图（刘磊绘制）

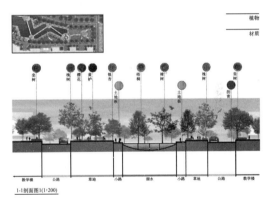

图 5-19　竖向种植分析图（刘磊绘制）

（七）剖面分析图

优秀的剖面图往往是技术性、空间性和艺术性的统一，剖面图表达竖向空间中的信息，这些信息往往在平面上无法传达，图中的元素也是信息量的重要组成，传达出的信息也比平面图更为直观（如图 5-20、图 5-21）。

（八）生物多样性分析图

设计湿地和自然保护区时，生物多样性分析图运用得会比较多。不仅要把植物表现出来，还需要将场地的动物也归纳进来，统一整体考虑（如图 5-22）。

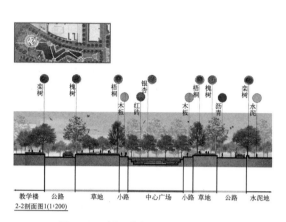

图 5-20　剖面分析图（刘磊绘制）

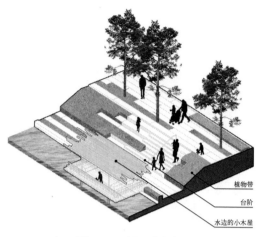

图 5-21　剖面分析图

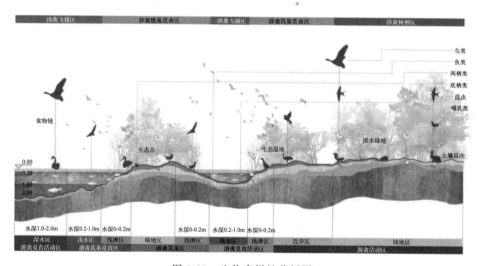

图 5-22　生物多样性分析图

三、景观平面图、立面图和剖面图

（一）平面图

　　景观平面图，是按照一定比例在景观要素水平方向进行正投影产生的视图。要注意的是景观平面图是基于户外空间相对开放的空间形式，由底界面承载、垂直界面围合的没有顶部的空间，因此它承载着整个景观设计的功能布局、交通组织、空间构成以及诸多景观要素之间的关系等大量信息（如图 5-23、图 5-24）。

　　景观平面图的具体表现内容有场地规模、地形起伏及不同标高、场地内的建筑物和构筑物的面积、屋顶形式及材质、道路尺度及布局、硬质铺装材质及面积、植物配置及品种、水体位置及类型、户外公共设施和公共艺术品的位置等。平面图除绘制景观要素外，还应标注图名、指北针、比例尺、剖切位置、适当的文字说明等内容，必要时还需附上风向玫瑰图等。

图 5-23 景观平面图（1）

图 5-24 景观平面图（2）

平面图的绘制可以借助尺规手绘完成，也可以利用电脑软件制图，一般在设计初期通常采用手绘制图，能快速表达设计思路，并便于修改（如图 5-25、图 5-26）。方案后期可采用计算机软件绘图，这样更精准、展示效果更好。

图 5-25 手绘制图（1）

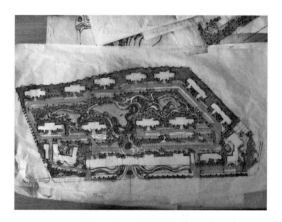

图 5-26 手绘制图（2）

景观平面图中，地形用等高线来表示，水面用范围轮廓线表示，树木用树木平面图表示。应注意图面的整体效果，应主次分明，让人一目了然，不能因为表现的内容多了，就造成图面混杂、凌乱。基本绘制步骤如下（图 5-27）。

（1）先画出基地形状，包括周围环境的建筑物、构筑物、原有道路、其他自然物以及地形等高线等。

（2）根据设计内容进行定位绘制。根据"三定"的原则，绘制景观设计相关设计要素的轮廓。"三定"即定点、定向、定高。定点即根据原有建筑物或道路的某点来确定新建内容中某点的纵横关系及相距尺寸；定向即根据新设计内容与原有建筑物等朝向的关系来确定新设计内容的朝向方位；定高即依据新旧地形标高设计关系来确定新设计内容的标高位置。

（3）画出景观设计中相关设计内容的细部和质感。如道路地坪的划分和材料、室内场地的划分和铺装、植物、水体、地形的等高线。

（4）加深、加粗景观设计中相关设计内容的轮廓线，再按图线等级完成其余部分内容。

（5）完成平面标高、引注、文字说明等内容。

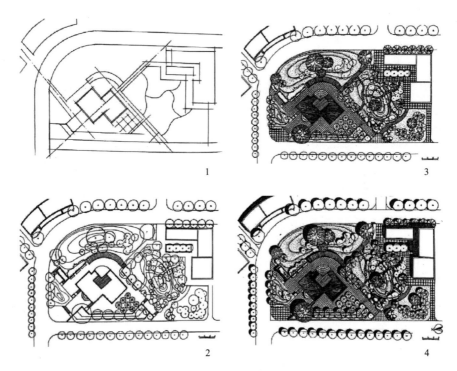

图 5-27　绘图步骤

（二）立面图和剖面图

　　景观立面图是场地水平面上的正投影方向的视图。景观剖面图是假想一个铅垂面剖切景园后，移去被剖切的部分，剩余部分的正投影视图，同样属于景观垂直维度的表现。景观剖面图能更清晰地表达地形起伏、水体的深浅等基地部分的内容。当剖到建筑物或构筑物时，应绘制建筑物或者构筑物的剖面图。

　　景观立面图和剖面图主要表现景观垂直方向各个景观要素的布置、尺度、比例、大小、形状、色彩等要素关系（如图 5-28、图 5-29）。

图 5-28　景观立面图　　　　　　　　　图 5-29　景观剖面图

四、透视图、轴测图、鸟瞰图

（一）透视图

透视图是画好景观设计效果图的基础。一点透视适合表现纵深感较强且范围较大的场景（如图5-30），展现严肃庄重的环境氛围，画法简单，但效果比较呆板。为了画面更加活泼，我们往往采用一点透视变体画法——斜一点透视（如图5-31），即心点的一侧设置一个虚灭点，比较容易表现出画面的丰富场景。两点透视又叫成角透视，即画面设置两个消失点，适合表现室外活泼自由的空间设计。要注意的是有时候消失点并不在绘图纸上，容易产生透视局部变形，所以选好视角很重要。

图5-30 一点透视画法（夏莲红绘制）

图5-31 斜一点透视画法（夏莲红绘制）

（二）轴测图

轴测图是轴测投影的简称，轴测图角度的选取通常要考虑设计内容的表现度，常见的轴测图角度有30°、45°、60°。轴测图画法是将平面图旋转后，再将平面图上的要素垂直向上拉伸至各要素的高度位置，因为没有透视变形的影响，画起来较为简单（如图5-32、图5-33）。

图5-32 手绘轴测图

图5-33 计算机制作轴剖块

（三）鸟瞰图

鸟瞰图一般是指视点高度高于景物的透视图，也称为俯视图。如果说透视图是表现场地中局部的效果，那么鸟瞰图表现的是整个场景中的景物和内容。它可以反映户外空间的整体关系和景观设计的整体效果，比轴测图更接近人眼的透视，角度上也很自由（图5-34～图5-36）。

图 5-34　鸟瞰图（1）

图 5-35　鸟瞰图（2）

图 5-36　鸟瞰图（3）

五、节点详图

　　节点详图能够以较大比例展示局部的细节内容，是完善景观设计质量的重要步骤。由于平、立、剖面的比例较小，因此在明确设计内容局部时，需要以节点详图的表现方法来展示局部剖面，以展现细部的构造做法、尺寸、材质、色彩等内容（如图 5-37）。

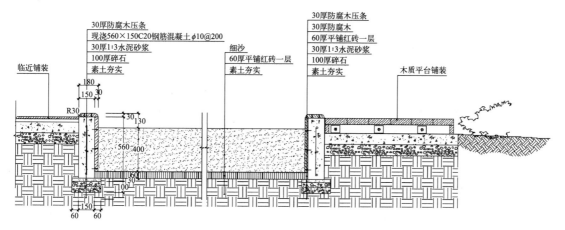

图 5-37 节点详图（单位：mm）

第三节 景观设计表现技法与训练

一、图解符号临摹

（一）景观图解画法

练习并熟练掌握景观图解的表现手法，掌握其表达含义及用法（如图 5-38）。

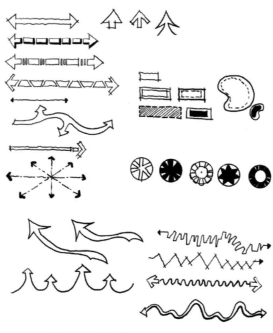

图 5-38 图解符号练习（阮晓绘制）

（二）徒手练习线条

练习绘制各种肌理感的线条，并可以熟练运用于设计表达中（如图5-39、图5-40）。

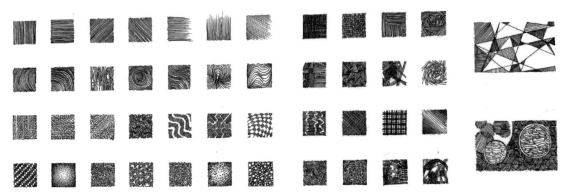

图5-39　徒手绘制线条（朱道涵绘制）　　　　图5-40　线条练习（朱道涵、李超绘制）

直线虽然简单，但画好却不容易，可谓一根线即可见功力。画长直线时，姿势很重要，身体不要趴在纸面上，手放松握笔，整个手和小臂不要紧贴在纸面上，保持适当的空隙，线条移动的时候整个手臂也要跟着移动，要靠手腕的转动带动手和笔。如果手肘和小臂紧贴在桌上，仅依靠手的力量，那么所绘线条长度一定有限。同时，"眼睛要比手快一点"，当画笔开始运动的时候，眼睛不要只盯着笔尖，要将视线关注到线条的终点位置，边画边调整，不要过急，不要过慢。

二、植物及配景表现

（一）植物平面表现

可根据不同植物配置方式表现，有单株、组团、树丛、树篱等不同的平面画法（如图5-41）。

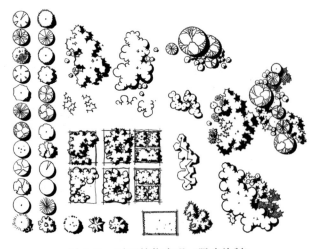

图5-41　平面植物表现（阮晓绘制）

（二）植物竖向表现

植物立面有多种画法，可以根据手绘风格选择表现风格，主要用在设计图纸的竖向表达中，要练习多种不同类型的植物画法（如图 5-42、图 5-43）。

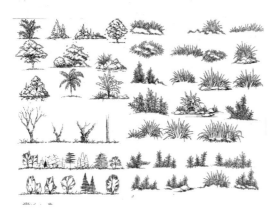

图 5-42　植物立面表现（夏莲红绘制）

图 5-43　手绘植物及配景（李超绘制）

（三）人物表现

人物作为场景表现中的配景，一方面起到烘托环境氛围的作用，另一方面也可作为表现空间尺度的参照物，故而根据环境场所的需要来表现人物形态。通常是以快速表现为主，画出动态轮廓即可，也可以加上阴影加强立体空间感（如图 5-44）。通过画面中的几组人物可以表现前后的空间关系。

图 5-44　人物表现（夏莲红、李超绘制）

（四）石景表现

石景是景观设计中必不可少的景观要素之一，设计表现时要注意其艺术效果，通过"石分三面"才能表现出其空间立体感（图 5-45）。同时要分组表现不同设计视角，这也比较考验设计师的审美能力。石景也常和其他景观要素结合在一起，例如与水景、植物组合表达（图 5-46）。

图 5-45　石景表现（夏莲红绘制）　　　　图 5-46　石景在场景中的表现（夏莲红绘制）

三、透视原理与透视图练习

透视法基于眼睛的生理结构而产生，定点透视是复杂变化的动点透视的基础。任何物体都具有长、宽、高三个维度，依照物体三个维度与画面的关系可将透视分为平行透视（一点透视）、成角透视（两点透视）、斜角透视（三点透视）。

（一）平行透视（一点透视）

有两个维度与画面平行，只有一个消失点，称为平行透视（一点透视）（如图 5-47、图 5-48）。

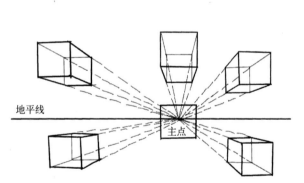

图 5-47　一点透视（阮晓绘制）

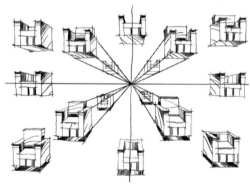

图 5-48　空间中的一点透视练习（阮晓绘制）

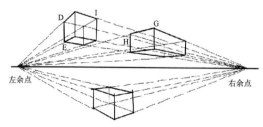

图 5-49　两点透视（阮晓绘制）

（二）成角透视（两点透视）

物体有一组垂直线与画面平行，其他两组线均与画面成一角度，而每组有一个消失点，共有两个消失点，称为成角透视（两点透视）。两点透视图面效果比较自由、活泼，能比较真实地反映空间（如图 5-49～图 5-51）。

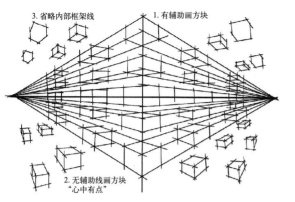

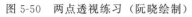

图 5-50　两点透视练习（阮晓绘制）　　　　　图 5-51　两点透视效果图（阮晓绘制）

（三）斜角透视（三点透视）

斜角透视有三个消失点，又称为三点透视，常用来画俯视图（如图 5-52）。

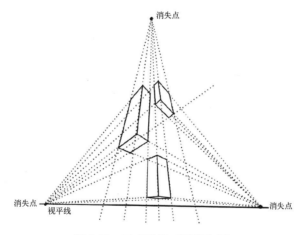

图 5-52　三点透视（阮晓绘制）

（四）透视图写生作品练习

1. 透视图照片写生练习

如图 5-53～图 5-57 为透视图照片写生练习。

2. 户外建筑景观写生练习

户外建筑景观写生练习作品如图 5-58～图 5-61 所示。

图 5-53　平行透视图

图 5-54　成角透视图

图 5-55　斜角透视图（张周瑞绘制）　　　　图 5-56　建筑景观照片写生（1）（张周瑞绘制）

图 5-57 建筑景观照片写生（2）（林逸哲绘制）

图 5-58 局部细节写生练习（欧阳文宇、李超绘制）

图 5-59 建筑景观写生练习（李超、丁鸿玥、徐子尧绘制）

图 5-60　园林建筑景观写生练习（欧阳文宇、韩枫、丁鸿玥、张周瑞绘制）

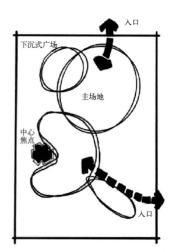

图 5-61　少数民族民居建筑景观（李超、徐子尧绘制）

图 5-62　平面构成关系表达
（阮晓绘制）

四、景观平面构成分析与表达练习

（一）多边形

在平面构成设计阶段，可以根据概念图方案的需要，按照相同或不同尺度对六边形进行复制。当然，如果需要的话，也可以把六边形放在一起，使它们相接、相交或彼此镶嵌。为保证统一性，尽量避免排列时旋转（图 5-62～图 5-64）。

要想空间表达更加清晰，也可以通过擦掉某些线条、勾画轮廓线、连接某些线条等方法简化内部线条。例如按照图 5-65 和图 5-66 的方法简化空间。但要注意这时线条已表示实体

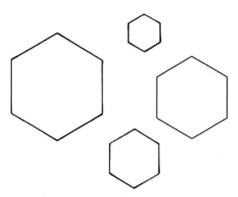

图 5-63　六边形构成的空间关系
（阮晓绘制）

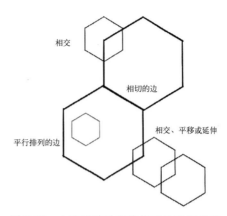

图 5-64　六边形移动变换构成的空间关系
（阮晓绘制）

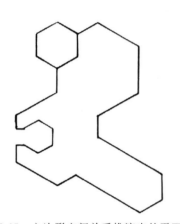

图 5-65　六边形空间关系推演出的平面图
（阮晓绘制）

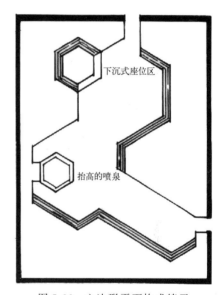

图 5-66　六边形平面构成练习
（阮晓绘制）

的边界。避免使用 30°和 60°的锐角，因为它们是不适合、难操作或危险的角度。

　　根据设计需要，可以采取提升或降低水平面、突出垂直元素或发展上部空间的方法来开发三维空间。也可以通过增加娱乐和休闲设施的方法给空间赋予人情味（如图 5-67）。

　　用六边形也可以绘制出其他的形状，如图 5-68～图 5-70 所示。

图 5-67　六边形平面上升不同高度
形成的水景和花坛（阮晓绘制）

117

图 5-68　旋转排列

图 5-69　无共同圆心的排列

图 5-70　利用六边形构成的水池与下沉空间

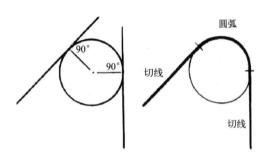

图 5-71　直线与圆相接形成切线

（二）圆弧和切线

在景观平面构成中常常运用直线同圆相接形成切线来构成平面的边界线（如图 5-71），从用直角盒状外框封闭概念性方案开始（图 5-72），在拐角处绘制不同尺寸的圆，使圆和直线相切（如图 5-73）。然后描绘相关的边形成由圆弧和切线组成的平面图形（如图 5-74），增加简单的连线使之与周围环境相融合，增加一些材料和设施细化设计图，进一步完善景观平面空间的构成（如图 5-75）。

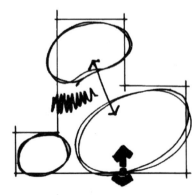

图 5-72　用直角盒状外框封闭

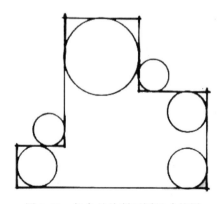

图 5-73　拐角处绘制不同尺寸的圆

图 5-74　由圆弧形成的平面

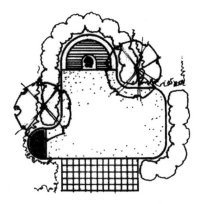

图 5-75　增加材料和设施细化景观

（三）多圆组合

　　圆的魅力在于它的简洁性、统一感和整体感。它也象征着运动和静止双重特性。单个圆形设计出的空间能突出简洁性和力量感（如图 5-76），多个圆组合在一起所达到的效果就不止这些了。从一个基本的圆开始，复制、扩大、缩小（如图 5-77），当几个圆相交时，把它们相交的弧度调整到接近 90°，可以从视觉上突出它们之间的交叠、内切或者外切（如图 5-78～图 5-80）。用擦掉某些线条、勾画轮廓线、连接圆和非圆之间的连线等方法简化内部线条，连接如人行道或过廊这类通道时，应该使圆心与人行道、过廊的轴线对齐（如图 5-81）。

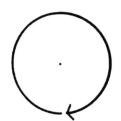

图 5-76　单个圆

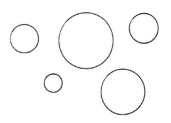

图 5-77　多圆组合（阮晓绘制）

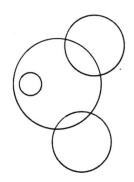

图 5-78　多个圆形的交叠（阮晓绘制）

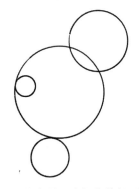

图 5-79　圆形的交叠、内切和外切（阮晓绘制）

　　如图 5-82 所示，某社区广场的俯视图中有多个圆形景观元素，它们分别构成了不同高度的景观实体空间：地面铺地、休憩平台、景观照明、景观棚架、花坛等，相互分离又通过道路连接成整体。

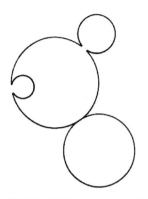

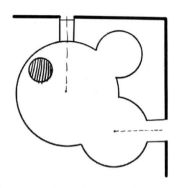

图 5-80　圆形的相接内切和外切（阮晓绘制）　　　图 5-81　轴线和圆心对齐（阮晓绘制）

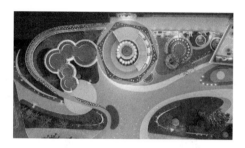

图 5-82　某社区公园广场平面

图 5-83 展示了用圆的一部分来丰富整个构图的实例。改变非同心圆圆心的排列方式将会带来一些变化，图 5-84 中也表示出了标高改变、台阶、墙体及其他三维空间的表现方法。

（四）同心圆和半径

在景观平面构图过程中，可以先绘制一个简单的功能关系图（如图 5-85），然后准备一个蜘

图 5-83　某居住区中心庭院和某公园以圆弧构成平面

图 5-84　标高改变、台阶、墙体及其他三维空间的表现方法

蛛网样的同心圆网格（如图 5-86），用同心圆把半径连接在一起（图 5-87）。然后根据概念性平面图中所表示的尺寸和位置，遵循网格线的特征，绘制实际物体平面图。你所绘制的线条可能不与图 5-88 中的网格线完全吻合，但它们必须是这一圆心发出的射线或弧线。擦去某些线条以简化构图，并与周围的元素形成 90°的连线（如图 5-89）。

图 5-90、图 5-91 是用半径和同心圆设计的实例，注意同心圆如何适用于其他设计元素。

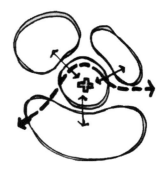

图 5-85 景观平面中功能
空间关系草图

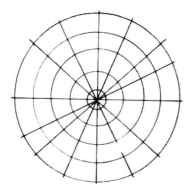

图 5-86 同心圆网格和半径

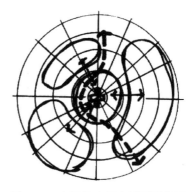

图 5-87 在网格中置入平面图草图

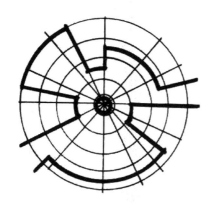

图 5-88 根据实际尺寸和位置绘制线条

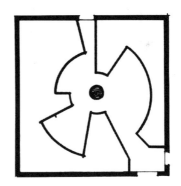

图 5-89 简化构图

图 5-90 某公园局部平面

图 5-91　以圆形构形的儿童游乐设施

（五）圆的一部分

圆在这里被分割成半圆、1/4 圆、馅饼形状的一部分，并且可沿着水平轴和垂直轴移动而构成新的图形。从一个基本的圆形开始，把它分割、分离，再把它们复制、扩大或缩小（如图 5-92、图 5-93）。沿同一边滑动这些图形，合并一些平行的边，使这些图形得以重组（如图 5-94）。绘制轮廓线，擦去不必要的线条，以简化构图并增加连接点或出入口然后绘制出图形大样（如图 5-95）。通过标高变化和添加合适的材料来改进和修饰图纸（图 5-96）。

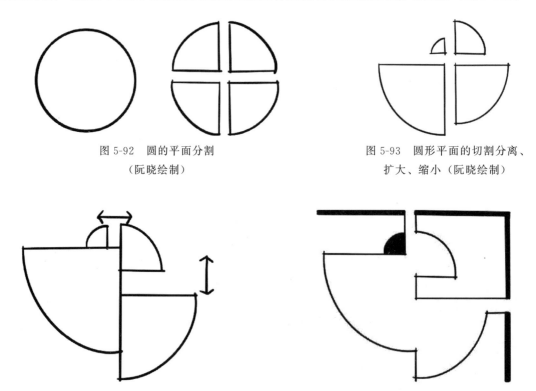

图 5-92　圆的平面分割　　　　　　　　图 5-93　圆形平面的切割分离、
（阮晓绘制）　　　　　　　　　　　　扩大、缩小（阮晓绘制）

图 5-94　垂直轴移动（阮晓绘制）　　　图 5-95　擦去多余线条构成平面（阮晓绘制）

下面的例子显示了以圆的分割、扩大、缩小为主旋律的设计效果（图 5-97、图 5-98）。

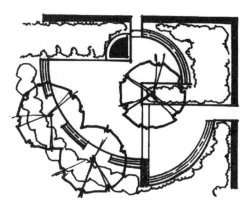

图 5-96　加入其他景观要素构成景观平面

图 5-97　圆的切割构成景观平面

图 5-98　圆形平面的扩大、缩小与切割分离

（六）椭圆

椭圆的平面构成方式与圆的构成有近似性，也可以将椭圆形扩大、缩小、分割后形成景观元素，这些形态往往使空间交叠形成不同高差的界面，而景观空间中的植物、休息座椅等元素往往呈现出沿着椭圆圆弧分布的布局方式（如图 5-99、图 5-100）。

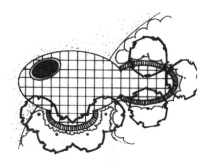

图 5-99　椭圆形交叠构成景观平面图

图 5-100　椭圆形构成的景观空间

五、景观平面组织原则

（一）无序

无序指景观平面中同一种形态多次出现，且呈现出无规律可循的空间排列方式（图 5-101）。

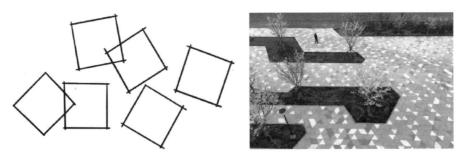

图 5-101　景观平面基本形的多次无规律出现（阮晓绘制）

（二）统一

统一指景观平面中同一种形态多次出现，与无序相反，呈现出一定规律的空间排列方式，如同一种形态呈同一种角度排列（图 5-102）。

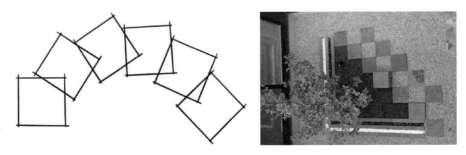

图 5-102　景观平面基本形的多次有规律出现（阮晓绘制）

（三）协调

协调指景观平面中同一种形态重复出现，形态按照某一构成方法出现，但是不呆板，呈现出一定的韵律与节奏感（图 5-103）。

图 5-103　景观平面基本形的多次按某规律出现（阮晓绘制）

（四）统一且协调

统一且协调指景观平面中同一种形态重复按照同一种方式出现，体现出统一有序的美感，展现出骨骼图案的魅力（图 5-104）。

图 5-104　景观平面基本形重复按同一种方式出现（阮晓绘制）

（五）统一、协调且趣味性

统一、协调且趣味性指景观平面中同一种形态重复按照同一种方式出现，体现出统一有序的美感，但可以通过面积大小的对比、运动方向的变化打破单调的规律性，呈现出一定的对比关系和跳跃感（图 5-105）。

图 5-105　景观平面基本形打破单调的规律性、节奏性出现（阮晓绘制）

（六）强调

强调主要是同一种景观元素或者多种景观元素在体积或者形态上有变化而显得格外凸出，易形成视觉焦点或者成为中心。景观中的视觉中心是景观中显著或突出的点或区域，能够引起人们的注意力和兴趣。

在景观中，视觉中心可以是水景、山景、植物、建筑、雕塑等。例如，在一个公园中，一个美丽的湖泊或一个精美的雕塑可能会成为视觉中心。这些中心可以为观赏者提供一个景观的焦点，同时也可以为整个景观增添活力和吸引力（如图 5-106）。

（七）均衡

均衡是指平面形态在平面布局中呈现出对称或者平衡感，绝对的对称是其中一种，但

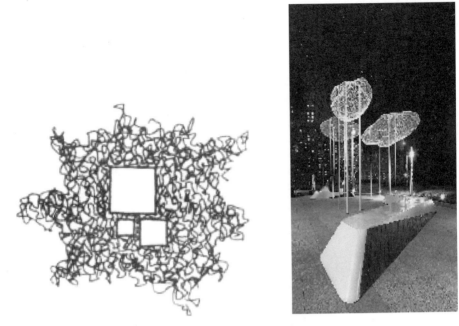

图 5-106　景观中的视觉中心

略显呆板，不对称的均衡是另外一种，统一中有变化，是构形带给人心理感受上的平衡感。不对称的平衡往往是流动的、动态的，并创造出一种惊奇和运动变化之感（图 5-107）。

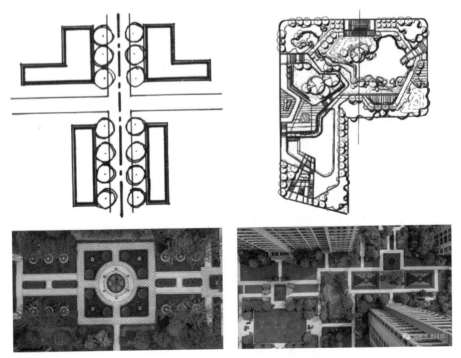

图 5-107　对称的均衡与不对称的均衡

第六章

景观设计实践案例

第一节　城市开放空间景观设计案例

一、北海花漾里旅居商业综合体设计❶

（一）项目简介

布氏鲸出没、涠洲岛、天下第一滩，这是人们对广西北海的印象，作为北部湾经济区重要节点城市，这里正在孕育着南中国海的新型度假胜地，在未来，北海将成为继三亚之后又一个旅居城市。花漾里就是这样一个白色的度假漫步式商业目的地。

（二）设计策略

设计灵感源自花与海的对话：多彩的花，纯洁的白，深邃的蓝，片片花瓣落在海面上，泛起点点涟漪；轻重不一，大小不同，贯穿整个广场，形成有节奏的空间音符——连奏、柔弦、变格（图6-1）。

图6-1　鸟瞰图

设计语言。从广场到街区，从街区到商业，城市在自然中过渡，在变化中统一。用一体化的设计语言构建规则，形成一个抽象、极简、多维、扁平的美学世界，强调人们经过连续的视点而体验到的连续空间。大小不一的圆形符号始终贯穿每个空间，像层层海浪衔接着街区与广场（图6-2、图6-3）。

图6-2　街区广场（1）

图6-3　街区广场（2）

---

❶　深圳市晨曼景观与建筑设计有限公司提供。

开放的商业公园沿四川路与浙江路展开，人流可以悠闲自如地进入（图6-4、图6-5）。最大化开放界面，使游人行走在棕榈与凤凰校错的林荫路上拥有开阔的观景视角。

图6-4 商业公园（1）

图6-5 商业公园（2）

下沉广场入口处的水幕墙上（图6-6），"花蝴蝶"主题雕塑（图6-7、图6-8）在水浪和花丛中舞动，延续场景的主题，呼应海浪的走向，强调横向的发展，融入整个场地。在北海的阳光照耀和水纹反射中，"花蝴蝶"主题雕塑风情万变，异常多彩。

图6-6 下沉广场入口设计效果图

图6-7 "花蝴蝶"主题雕塑（1）

图6-8 "花蝴蝶"主题雕塑（2）

（三）下沉广场

屋顶、台地、绿地、下沉广场（图6-9、图6-10），每到一个高度，看到不一样的风景，具有丰富的景观层次。利用两个区域4.8m的高差，结合"浪花"概念，形成下沉广场侧壁重重叠浪的轮廓，仿佛置身海岸线，其间穿插不同体验的舞台空间，交际在此发生，有侃侃而谈和掌声如潮，有窃窃私语和会心一笑。

广场设计理念源于古希腊的剧场，由5个不同形式的看台、舞台、戏台组成，中央草坪构建了整个广场的舞台中心，它是浪漫主义与功能主义的和鸣，具有强烈的沉浸感（图6-11～图6-13）。街头篮球、音乐节、城市露营，各种潮流活动层出不穷，让人幡然置身于另一方天地。

（四）花未眠书店：时间的音符

花未眠书店的景观建筑的整体视觉效果以白色为主，拱形元素的建筑门造型好似花瓣一样层层盛开，错落而有序，具有视觉延伸感（图 6-14～图 6-17）。

图 6-9　下沉广场张拉膜结构效果图

图 6-10　下沉广场台地效果图（1）

图 6-11　下沉广场台地效果图（2）

图 6-12　下沉广场夜景照明效果图（1）

图 6-13　下沉广场夜景照明效果图（2）

图 6-14　书店正门

图 6-15　书店侧面

图 6-16　书店（1）

（五）商业街区：费拉印象

蓝白色的建筑群，风情摇曳的热带植物，铺装以三角梅、海浪、涟漪形式为基调，构建精致生活、艺术创意、情景商业街区，形成具有视觉冲击感的流畅商业动线。再结合建筑的错落层次，配以丰富、连贯的外摆空间，形成了抑扬顿挫，探索感强烈的内商业街区，回应了圣托尼里的费拉小镇（图6-18～图6-21）。

图6-17　书店（2）

图6-18　蓝色窗户

图6-19　商业街区

图6-20　夜景效果（1）

图6-21　夜景效果（2）

二、金山软件园珠海总部景观设计❶

（一）项目简介

珠海是一个具有人文气质的城市，濒临南海，拥有独特的从容和风情。金山软件园是珠海市青年人聚集的海景办公园区，独特的产业性质和开放性使其成为情侣路的新标签。园区利用二期业态及公共景观，结合企业文化和自然艺术理念，创造了一个产业学术和人文游览相结合的新一代高新科创文化示范中心。

本项目为创新产业园，新型产业用地（M0），一块地分两期开发，总建筑面积为21.3万平方米，总用地面积约9.6万平方米，二期建筑面积9.7万平方米（图6-22）。项目形态包括

---

❶ 深圳市晨曼景观与建筑设计有限公司提供。

总部基地、商务办公、科创孵化基地、配套酒店、集中商业区、餐饮区、品牌旗舰店等。

　　该项目位于珠海香洲区唐家湾镇前岛环路，毗邻前岛环路海岸线，面朝大海（图6-23）。二期业态包括总部基地、青竹书院、报告厅、集中商业和品牌旗舰店等。

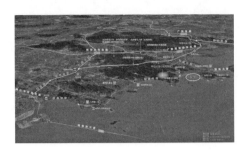

图6-22　金山软件园的空间结构图

图6-23　海岸线上的金山软件园

（二）设计理念

　　三十五年的沉淀，让金山软件园变得更加自信和开放，从独立的园区属性向城市、园区相融合的属性发展，犹如慕尼黑的地标建筑宝马世界（BMW Welt），反映着金山品牌的特征，为拜访者、客户、市民提供了感受金山品牌的场所（图6-24）。

图6-24　软件园

　　设计以开放的岛屿为灵感，结合珠海百岛和金山企业文化的特点，打造了人文和现代感兼具的景观气质，展示了企业包容和开放，城市和企业相互融合的整体形象（图6-25、图6-26）。

　　起伏变化的百岛形态，构建了包括慧聚、连接、社交、剧场等多个不同主题的空间场景。在塑形、种植、小品装置和氛围营造中，百岛的气韵始终贯穿整个园区（图6-27）。身临其境，能感受到简洁却富有艺术气息，层次变化目不暇接的园区。设计者希望创造一个聚

图6-25　企业园广场

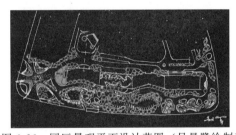

图6-26　园区景观平面设计草图（吴旻鹭绘制）

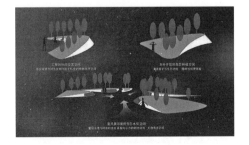

图6-27　概念分析图

合城市精神、企业文化和人才智慧的游览式办公城市环境。

（三）北入口广场：慧聚

情侣路是珠海最知名的城市主干道，沿着情侣北路的城市展示面，北入口广场作为对金山软件园的第一印象，强调了景观、小品、建筑一体的昭示性，红色的主题雕塑凸显了企业的识别度，传递出珠海市优质企业的品牌认知（图6-28～图6-30）。

打造一个博物馆在企业的发展中有里程碑意义，金山创想馆是金山软件公司三十多年发展的缩影。在总部大楼北侧设计者为创想馆单独设计

图 6-28　北入口广场

了一个高达8.5m的接待中心。充分迎合互联网企业的特质，设计语言通透而极简，似乎是从建筑中抽出、延展的盒子，漂浮在水面上，弱化了室内外界线。镜面的水景和8.5m的玻璃幕墙让盒子呈现出既高耸挺拔而又晶莹剔透的既视感（图6-31～图6-34）。

图 6-29　主题雕塑（1）

图 6-30　主题雕塑（2）

图 6-31　金山创想馆（1）

图 6-32　金山创想馆（2）

图 6-33　金山创想馆（3）

图 6-34　金山创想馆（4）

镜面水景结合点光源的簇拥，使得入口栈道展现出优雅静谧的环境氛围，让人期待金山软件公司的三十年，如何从零到壹，从壹到未来。整个北广场的所有水景采用"无痕"理念，展现了北广场作为园区入口的细节品质（图6-35、图6-36）。

图 6-35　金山创想馆入口水景效果图（1）

图 6-36　金山创想馆入口水景效果图（2）

无痕水池的细节处理，能够将人们的注意力集中在水本身的特质上：涓涓细腻，潺潺流过，幽幽水韵，声声怡人，感受绵延不断的绵柔和宁静（图6-37、图6-38）。水与景的浑然一体，远看就像一面镜子，反射着挺拔的建筑，映衬着企业的过去和未来。

图 6-37　无痕水池（1）

图 6-38　无痕水池（2）

（四）下沉式IT公园及公共配套：连接

企业和城市是鱼和水的关系，三十年的发展让金山软件公司充分明白开放、拥抱、回馈是多么美好的事情。设计者结合城市交通，设计下沉式IT公园，兼顾等待、接驳、到达等城市功能，让市民在经过时，感受IT企业在城市建设中的新思潮（图6-39、图6-40）。

图 6-39　下沉式 IT 公园（1）

图 6-40　下沉式 IT 公园（2）

图 6-41　弧形艺术廊架

两扇弧形起伏的艺术廊架，是岛屿元素在三维空间的变化应用，从低往高延伸而起，造型递进（图 6-41）。面向交通人流出入口，如门廊般示意，蜿蜒引入，似山、似云，又像是即将相握的两只手，也仿佛空中的锦鲤（图 6-42、图 6-43）。

岛屿中藏着一个公共洗手间，圆形的造型附着不锈钢和木色材质，体现出生态高级感（图 6-44～图 6-47）。设计旨在探讨公共卫生设施在未来的发展方向，以可持续、环保、自然融入的姿态，定义大自然里的公共配套和公共服务。

图 6-42　弧形艺术廊架夜景（1）

图 6-43　弧形艺术廊架夜景（2）

图 6-44　公共洗手间（1）

图 6-45　公共洗手间（2）

图 6-46　公共洗手间（3）

图 6-47　公共洗手间（4）

（五）书吧提供阅读、工作新体验：游览

金山软件园的书吧、餐饮和衍生品店是公司员工经常光顾的地方，也是他们交流、交往的空间。在书吧室外景观设计中以岛型的木质平台种植木棉树为基本单元在场地中分布开来，人可以穿行其中，岛、木棉树构成了这个区域最具有识别性和记忆点的景观元素（图6-48～图6-50）。

图6-48　书吧休闲区（1）

图6-49　书吧休闲区（2）

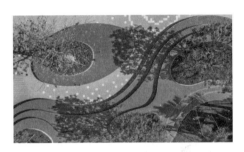

图6-50　书吧休闲区（3）

整个场所的设计是以弧形木色平台为主要的设计元素，平台的曲线流动自然，宛如海岛漂浮于其中，高低错落的组合形式满足了年轻人自由、舒展的交流需求（图6-51、图6-52）。

图6-51　书吧休闲区（4）

图6-52　书吧休闲区（5）

（六）海洋风情的情景商业区：涟漪

层层递进的种植池，仿佛海洋冲刷的痕迹，呈现出独特的涟漪感。铺装汲取了海水飞溅的灵感，形成渐变色彩。假槟榔围合的下沉空间像一叶扁舟漂浮在海面上，让人尽情享受椰林海风、斜阳霞光（图6-53～图6-56）。

（七）中心园区：剧场

年轻人生活工作的园区时常会有不同主题的活动，逢年过节，各种DIY活动就会在金山软件园陆续登场，因此在园区中央，设计者构思了一个富有弹性、能够承载不同主题活动的多功能剧场，按照剧场的尺寸和不同观众的视觉需求进行设计，兼顾了场地的专业性和可塑性（图6-57、图6-58）。

图 6-53　商业区（1）

图 6-54　商业区（2）

图 6-55　商业区（3）

图 6-56　商业区（4）

图 6-57　中心剧场（1）

图 6-58　中心剧场（2）

　　舞台结合草坪展现了未来生活的多种可能性，如青年运动会、企业年会、产品发布会等，打造多元、现代、主体化的时尚生活场景，至此，剧场变成了秀场（图 6-59、图 6-60）。剧场是一个大的时间容器，这里记录了金山软件公司的发展和金山人的欢声笑语。

图 6-59　草坪剧场（1）

图 6-60　草坪剧场（2）

　　晨曦、树影交织，勾勒出园区的自然之美。登高至观赏平台可获得绝佳的视觉体验，感受清幽雅致的园区环境（图 6-61～图 6-63）。

图 6-61　观赏平台（1）

图 6-62　观赏平台（2）

整个园区呈现出多元功能、艺术人文和自然景观相得益彰的优秀状态，充分彰显了企业和城市共生、绿色低碳、共享空间的设计理念，树立了一个企业文化、人文精神和生态魅力俱佳的新型总部园区范例（图 6-64）。

图 6-63　观赏平台（3）

图 6-64　中心剧场夜景

第二节　乡村景观设计案例[❶]

一、项目简介

基地位于江苏省苏州市吴江区，邻近太湖、交通便捷。联星村距离苏州南站枢纽（规划）35km，距离苏州站 44km，位于苏州地区铁路交通枢纽 1h 辐射区内。联星村周围交通密布，邻近苏嘉杭高速公路、沪苏浙高速公路、南北快速路等区域性通道。

基地周边路网密布，距离震泽镇 6.5km，20min 可达。联星村三面邻水，南倚田园，生态环境良好。基地北邻 S230 省道，南接沪渝高速、苏震桃公路，交通便捷。

二、设计策略

1. 优化村庄格局，完善基础设施

在规划范围内原有格局的基础上，对村庄格局进行优化调整：优化道路结构，硬化主要道路，梳理南北主动线；疏通水系河道，完善内河滨水动线；整治排污沟，垃圾分类；完善标识系统，沿主要道路增补路灯，规划停车场。

❶　苏州基业生态园林股份有限公司提供。

2. 改善村庄环境，整治建筑风貌

完善村口形象，提升识别度，增加停车、售卖、村民健身、文化展示功能；规整菜园、鱼塘、林地，增加绿量，改善村落风貌；分类，有重点地提升建筑整体风貌；梳理街巷空间、宅间空地，整治杂物棚、鸡棚鸭笼等。

3. 凸显乡村特质，增加服务设施

依据需求，新建公共活动及健身场地；凸显乡村生态肌理特质，串联滨水、田园、林地、村落游览动线；增加日间照料中心、村史馆等公共服务配套设施；修缮小卖部、公共厕所等配套设施，满足村民基本生活需求。

4. 挖掘产业潜力，优化产业结构

在原有产业基础上，优化产业结构，利用现有农林渔资源，带动第三产业发展；结合养殖塘，增设滨水观光空间；利用田园、大棚，打造观光农业、共享菜园、采摘果园等；梳理林地，考虑林下休闲、拓展活动；建设民宿、农家乐、茶室等。

三、滨水生活区

1. 村口区

优化村口空间结构，增加名牌墙，新增公共停车场，梳理绿化，提升村口识别度（图 6-65）。

建设集"村民服务、休闲售卖"等多功能于一体的主客共享的日间照料中心。保留现状田园肌理，适当增加点景植物、稻草人等趣味小品，丰富入口景观（图 6-66）。

图 6-65　村口区效果图（1）　　　　　图 6-66　村口区效果图（2）

2. 原村口停车区

优化进村主动线，保留现状乔木，梳理地被，新增观赏花卉，为村民提供林下洽谈空间（图 6-67）。

优化现状停车场，将垃圾分类点移建至围墙后，不影响主入口景观；对杂物棚外立面进行提升，融入村落总体风貌（图 6-68）。

图 6-67　原村口停车区效果图（1）　　　图 6-68　原村口停车区效果图（2）

3. 文娱广场

改造村中广场，沿水边增加景观文化廊架，廊架顶采用局部镂空设计，置入"水、田、林"等村落特质元素点缀（图6-69）。邻近民居区域，增加健身器材，服务村民（图6-70）。

图6-69　文娱广场效果图（1）

图6-70　文娱广场效果图（2）

图6-71　滨水廊道效果图

4. 滨水廊道

净化内河水质，优化村中河道驳岸，增加垂挂植物、水生植物，软化驳岸景观；修缮栏杆，增加种植池，提升绿量。修缮现状水埠头，提升现状滨水建筑外立面，融入村落风貌，后期可做滨水茶室、咖啡、书屋等（图6-71）。

5. 曲澜亭

现状小树林旁滨水开阔区域，视野较好，自然条件优越，可增设景观亭（图6-72）。

6. 竹影桥

提取村落传统手工艺"绕柴龙"，设计景观竹桥，加强南北两岸滨水步道的连通性，并结合竹刻灯，兼顾夜间效果（图6-73）。

图6-72　曲澜亭效果图

图6-73　竹影桥效果图

7. 阡陌雨巷

采用老物件等装饰品美化巷子（图6-74）。采用两头大老照片装饰墙形式，留住场地记忆（图6-75）。狭窄巷子采用绿化软景装饰墙面（图6-76）。较大空间的巷子，可设置月洞门围合，设置小型休闲空间（图6-77）。

四、水乡体验区

基地北侧现为养殖塘，以蟹养殖为主，多为农家私有，排污沟脏乱差。基地西侧汪鸭潭视野开阔，但道路未硬化，无休闲活动空间。

图 6-74　阡陌雨巷效果图（1）

图 6-75　阡陌雨巷效果图（2）

图 6-76　阡陌雨巷效果图（3）

图 6-77　阡陌雨巷效果图（4）

1. 湿地鱼塘

鱼塘区域铺设生态步道，修缮现状构筑物、水上栈道等，确保安全性（图 6-78）。

2. 垂钓台

村落枕水而居，利用自然环境优势，增设垂钓台，为后期水上观光预留空间（图 6-79）。

图 6-78　湿地鱼塘效果图

图 6-79　垂钓台效果图

五、林荫拓展区

基地东侧内河两岸现以密林为主。小树林通达性差，利用率低。

1. 亲水平台

现状小树林区域生态环境优越，可利用滨水空间，增设亲水平台（图 6-80）。

2. 生态木桥

修缮现状土桥，增加水生植物，硬化滨水步道，贯通水滨步行动线（图 6-81）。

图 6-80　亲水平台效果图

六、田园观光区

基地南侧现为田园，生态环境良好。但宅间菜地多杂乱，缺乏统一规划。在保留现状田园肌理的前提下，在田间铺设栈道，打造共享菜园体验空间，未来可作为农业种植展览示范空间（图6-82）。

图 6-81　生态木桥效果图　　　　　　　　图 6-82　共享菜园效果图

第三节　别墅庭院景观设计案例

一、某别墅庭院深化设计❶

（一）项目简介

1. 前院

前院面积约 $65m^2$。整体风格上打造一个恬静自然的、小而精致的院落，既有中式园林深厚的文化底蕴和内涵，同时又非常现代时尚。

（1）主入口处搭建一个风雨廊亭，与原入口廊道形成连通空间，可取消原有入口大门，直接从花园入口进入户内。

（2）北侧可建一个自然式观赏鱼池，搭配太湖石，提取江南园林的元素，营造小桥流水人家的意境。

（3）中心位置移放太湖景石，配以绿植衬托，画龙点睛。

（4）院落西北角设计葡萄花架，既可以遮阳，又自然美观。

2. 后院

后院面积约 $70m^2$。后院形式方正，可考虑中西混搭的设计手法。

（1）铺装上用石材贴面，考虑到耐滑、易打理，使用寿命长的石材。

（2）南侧围墙中心设计成背景墙面，可用浮雕等装饰，与绿化整体打造，形成对景。

（3）西侧院墙用绿化池软化，阳光房位置靠西墙一侧与地下室顶棚整体考虑，可形成整体空间，阳光房功能性强，可自由搭配软装家具等，可待客可休闲。

（4）院内花池围边，既能软化围墙的生硬边线，同时也能将绿化与铺装分割，便于院落后期打理。

---

❶　苏州基业生态园林股份有限公司提供。

（5）铺装硬化可多出活动空间，后期入住可自由搭配桌椅等，或进行户外健身活动。

（二）前院

1. 前院（前期）方案对比

方案一：主入口处增加风雨廊亭，可直接从花园入口进入户内。院内有鱼池，增加庭院观赏趣味 ［图 6-83（a）］。

方案二：院落西北角设计葡萄花架，既可以遮阳，又美观 ［图 6-83（b）］。

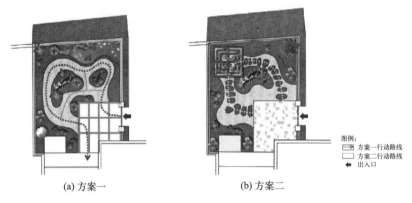

(a) 方案一　　　　　　　　　　　　(b) 方案二

图 6-83　前院（前期）方案对比

图 6-84　前院方案优化

2. 前院方案

结合前期方案一和方案二，在方案一基础上进行优化，鱼池旁边增加葡萄花架（图 6-84）。

方案一：主入口处设计风雨廊亭，并在院落西北角鱼池边设计葡萄花架（图 6-85～图 6-87）。

方案二：将主入口处的风雨廊亭设计成花架式样，功能及美观兼备（图 6-88～图 6-90）。

图 6-85　前院方案一鸟瞰图

图 6-86　前院方案一效果图（1）

图 6-87　前院方案一效果图（2）

图 6-88　前院方案二鸟瞰图

图 6-89　前院方案二效果图（1）　　　　图 6-90　前院方案二效果图（2）

（三）后院

1. 后院（前期）方案对比

方案一：阳光房位置靠西墙一侧与地下室顶棚整体考虑，可形成整体空间。铺装硬化可多出活动空间［图 6-91（a）］。

方案二：阳光房考虑设计在庭院正中，四周通透，南侧围墙与阳光房整体考虑景观效果。一侧设计鱼池，形成亲水空间［图 6-91（b）］。

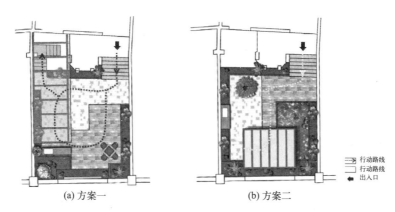

(a) 方案一　　　　　　　　(b) 方案二

图 6-91　后院（前期）方案对比

2. 后院方案优化

结合前期方案一和方案二，在方案一的基础上进行优化，地下室出入口与阳光房统一考虑（图 6-92～图 6-95）。

图 6-92　后院方案鸟瞰图　　　　　图 6-93　后院方案效果图（1）

图 6-94　后院方案效果图（2）

图 6-95　后院方案效果图（3）

二、某新中式私家庭院设计❶

（一）项目概况

本项目位于江苏省泰州市。庭院前院总面积约 120m²，庭院后院总面积约 77m²。新中式私家庭院设计以传统中式园林的精髓为基础，结合现代元素和功能需求，创造出独特而舒适的居住环境。通过精心的布局和景观设计，营造出平衡、和谐和自然的氛围，为居住者提供一个休闲、娱乐和社交的场所。

（二）设计策略

1. 庭院布局

基于场地尺寸和形状，合理规划庭院布局，包括主入口、前院、后院等区域，使其形成流畅而有序的空间序列。

2. 水景设计

引入水景元素，如池塘、喷泉或小溪，营造出水的流动之美，增加庭院的清凉感和生命气息。

3. 植物选择

选择具有中式特色的植物，以及适应当地气候条件的花草树木，打造出绿意盎然的景观。

4. 硬景设计

运用石头、木材和砖块等材料，构建中式风格的硬景元素，如假山、假石、木栈道、花岗岩、自然毛石等，增添园林的立体感和趣味性。

5. 色彩与灯光

运用中式的传统色彩，如红、黄、绿等，营造出温暖、和谐的氛围。同时，合理安排照明系统，增加夜间庭院的美感和安全性。

（三）前院设计

1. 主入口设计

通过设置庭院门楼，突出主入口的重要性和庄重感，为访客营造出迎接的氛围（图 6-96）。

---

❶ 笔者本人工作室提供。

2. 植物布置

选择具有中式特色的植物，如盆景、花卉、竹子等，将其合理布置在前院的花坛、绿化带等区域，营造出绿意盎然的景观效果。

3. 硬景和水景元素

运用传统的中式硬景元素，如假山、花岗岩等，通过布局和形式的组合，打造出有趣而具有艺术感的景观。引入水景元素，营造出水的流动之美，增加庭院的清凉感和生命气息（图 6-97）。

图 6-96　前院方案效果图（1）

4. 材质选择

注重选择天然材料，如石头、木材等，赋予前院自然、朴素的质感，并与建筑外墙材质相协调，形成统一的整体效果（图 6-98）。

图 6-97　前院方案效果图（2）

图 6-98　前院方案效果图（3）

5. 照明设计

合理布置照明设施，既能增强夜间的安全性，又能突出前院的景观特点，如在重要景观元素周围设置点状照明，营造出优美的夜景效果。

（四）后院设计

1. 硬景元素

运用中式的硬景元素，如毛碎石铺地、假山等，通过布局和形式的组合，增添后院的立体感和趣味性（图 6-99）。

2. 盆栽植物

由于后院面积的限制，可以选择适合小空间的盆栽植物，并通过合理的排列和层次感来营造丰富的景观效果。

图 6-99　后院方案效果图（1）

3. 休闲区设计

设置一个舒适的休闲区域作为休憩和娱乐的场所，使居住者能够尽情享受户外时光（图6-100）。

图6-100　后院方案效果图（2）

第四节　居住小区景观设计案例❶

一、项目简介

　　本方案采用新古典主义景观风格，其特点是大气而不乏细腻，在设计手法上具有"化繁为简、整体大气、局部突出"的艺术特点，特别是重要区域强化了材质、色彩的风格，摒弃了过于复杂的肌理和装饰，简化了线条，可以很强烈地感受到浑厚的文化底蕴。通过亲切的空间尺度、迷人的色彩等创造生机盎然、充满魅力的艺术作品，如水景、雕像、装饰景墙，营造经典、优雅、庄重、人性、理性的主题性生活社区。

二、入口设计

　　在入口处设计主入口形象区，主入口形象区以新古典艺术形式为宗旨，在主次入口处分别运用叠泉喷水点景，以色彩浓烈的花卉为烘托，以典型种植和特色景观柱为背景，形成一个动静结合的标志性区域（图6-101～图6-104）。

图6-101　入口设计（1）

图6-102　入口设计（2）

三、中心花园区设计

　　在对景观尺度和比例充分理解的基础上，把中心区用小径、林荫道和特色水景分隔成几个不同的部分（图6-105）。通过雕塑喷泉、新罗马柱、刺绣花坛、景观树阵、修剪整齐的绿篱、花钵、硬质铺装等景观元素的营造，赋予环境以丰富的肌理和装饰，重现新古典主义的

---

　　❶　英国DOW景观设计（上海）有限公司提供。

经典和庄重（图 6-106～图 6-109）。

图 6-103　入口设计（3）

图 6-104　入口设计（4）

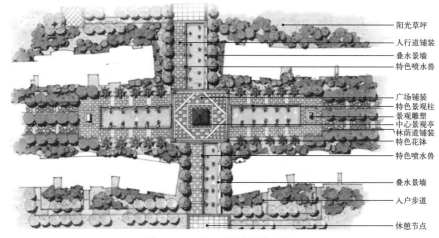

阳光草坪
人行道铺装
叠水景墙
特色喷水兽

广场铺装
特色景观柱
景观雕塑
中心景观亭
林荫道铺装
特色花钵
特色喷水兽

叠水景墙

入户步道

休憩节点

图 6-105　中心花园总平面图

图 6-106　中心花园透视效果（1）

图 6-107　中心花园透视效果（2）

图 6-108　中心花园透视效果（3）

图 6-109　中心花园透视效果（4）

四、次入口设计

次入口展示区中简洁、优雅、充满新古典特点的水池，雕塑，花坛，景观柱，艺术广场，使得小区中新古典韵味更加浓厚（图 6-110～图 6-113）。

图 6-110　次入口效果

图 6-111　次入口水池效果（1）

图 6-112　次入口水池效果（2）

图 6-113　次入口艺术广场

五、生态净水设计

水池中搭配种植芦苇、菖蒲等抗污水植物（图 6-114），通过生物净化的方法减少水中的

鸢尾　　　　　　泽泻　　　　　　千屈菜

水葱　　　慈姑　　　伞草　　　菖蒲

图 6-114　抗污水植物

有机污染物。可考虑引入昆虫、鸟类、鱼类等动物生态系统，通过鱼类进一步净化水体，保持生物多样性。同时，利用丰富的动植物资源，形成具有自我更新能力的生态群落让水体在生物群落生生不息的新陈代谢中保持长久的活力（图6-115、图6-116）。

图 6-115　挺水植物生态种植

图 6-116　沉水植物种植

第五节　景观生态恢复与更新设计案例

一、常州中天钢铁厂景观改造项目❶

（一）项目简介

中天钢铁集团有限公司总部位于江苏省常州市武进区，前身是创办于1973年的武进轧钢厂，2001年改制成为一家"自主经营、自负盈亏"的民营企业。企业连续17年荣列中国企业500强，还曾获得"全国十大卓越品牌钢铁企业"等荣誉称号。设计团队以"开放融合与多元共生"为理念，设计中大量使用回收的废弃工业机械，将其改造成游乐设施、景观构筑物、科普装置等，场地中错综复杂的管道也被重新利用，融入场地环境。项目以开放共享为景观布局思路，以期打造出一个集多元共享、绿色生态特色于一体的花园式厂区。

（二）现状分析

项目现状问题如图6-117所示。

---

❶　江苏筑森建筑设计有限公司提供，该项目获得MIX环球卓越设计大奖。

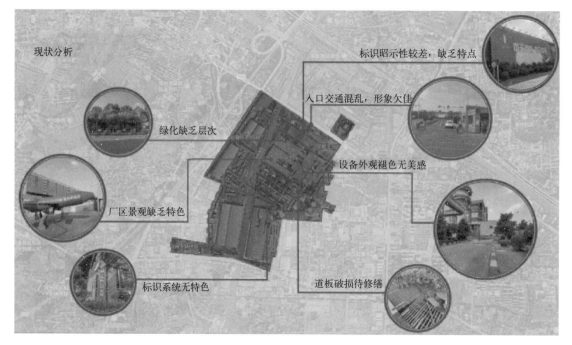

图 6-117　现状分析

（三）设计策略

通过尊重与保留、更新与利用、联系与发展三大策略对这座工业园区进行景观重构，尊重厂区原有空间格局，重新梳理场地公共空间的布局，还原厂区工业化建筑风貌，重新激发场地活力。主要包括形象建立、特色景观、生态环境、交通分流、功能场地和文化植入的策略。

（四）工业主题景观改造

景观整体强调工业主题性、强工业风，整体设计简约大气。入口处的标志设计，强调工业感的门户形象，空中管廊的植入和地面设计的工业元素等，都是工业感与历史感的体现（图 6-118、图 6-119）。

图 6-118　入口设计

图 6-119　地面设计

（五）工业文化之路设计

工业文化之路设计重点在于记忆点的塑造，场景打造包括空中管廊、拍照打卡墙和党政宣传角（图 6-120～图 6-122）。

图 6-120　空中管廊

图 6-121　拍照打卡墙

图 6-122　党政宣传角

（六）慢时光主题公园设计

工业园区内打造了一个以"慢时光"为主题的小公园，是整个园区的重要景观节点，成为人们日常休憩的地方（图 6-123～图 6-126）。将废弃的工业钢板等材料进行重新利用，形成构筑物、景墙、休憩座椅、花池等景观设施，除了新的功能外，仍然保留了钢铁厂的文化记忆，行走于公园内仍然能感受到曾经发生在这个空间的时光记忆。

图 6-123　松园效果图（1）

图 6-124　松园效果图（2）

图 6-125　松园效果图（3）

图 6-126　松园效果图（4）

二、柏庐公园景观绿化提升设计❶

（一）项目简介

项目位于江苏省昆山市开发区，在昆山高铁新城商圈辐射范围内，是昆山南站门户区域的重要集中公园绿地。基地周边以商业用地、居住用地为主。明显的区位优势和突出的景观价值使柏庐公园景观提升必要且迫切。场地在昆山南站东北侧，城市主干道中华园路和柏庐南路相交处，交通便捷。同时，因其与昆山南站地理位置关系，其周边道路同时承载昆山南站客流疏散（图6-127）。

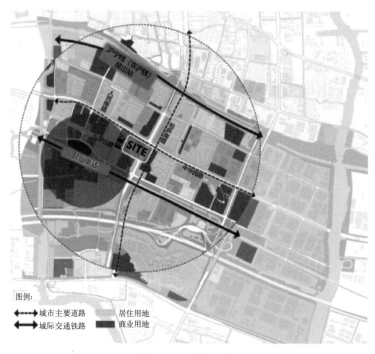

图例：

◄----► 城市主要道路　　　居住用地

◄----► 城际交通铁路　■　商业用地

图 6-127　项目区位

（二）设计策略

1. 景观目标

打造高铁新城片区的绿色名片、塑造趣味多样的户外活力公园和传递水绿交织的文化印象。

2. 景观定位

结合城市形象展示、公众活动休闲、文化印象传播、抗震防灾等功能的城市综合性公园（图6-128）。

图 6-128　公园鸟瞰实拍

---

❶　苏州智地景观设计有限公司提供。

3. 具体策略

形象界面，提升公园对外形象性界面；滨水界面，重新打造公园的滨水空间，塑造公园的核心亮点；植被梳理，处理好现状绿化保护与景观效果的关系，注重经济性；道路交通，梳理现状道路系统，处理好道路与功能节点的关系；活动空间，提升场地活力，提升公园活动空间参与性。

（三）水岸景观设计

流线形的水岸景观，艺术化栏杆的设置，结合蜿蜒有致的艺术线型给人时近时退的亲水体验（图 6-129、图 6-130）。

图 6-129　水岸设计（1）　　　　　　　　图 6-130　水岸设计（2）

（四）活动场地设计

活动场地包括儿童活动区、中央广场和雨水花园（图 6-131～图 6-133）。活动场地配合核心的滨水界面，打造可游、可观、可参与的全龄趣味活力公园。

图 6-131　儿童活动区　　　　　　　　　图 6-132　中央广场

图 6-133　雨水花园

参考文献

［1］杰克逊．发现乡土景观［M］．俞孔坚，陈义勇，莫琳等译．北京：商务印书馆，2015.

［2］格兰特·W．里德．园林景观设计——从概念到形式［M］．陈建业，赵寅，译．北京：中国建筑工业出版社，2004.

［3］特鲁迪·恩特维斯，埃德温·奈顿．景观设计与表现：景观表现的革新，艺术与科技的完美结合［M］．北京：中国青年出版社，2013.

［4］计成．园冶［M］．倪泰一，译注．重庆：重庆出版社，2017.

［5］刘佳．景观设计要素图解及创意表现［M］．南昌：江西美术出版社，2016.

［6］赵军，周贤．景观设计基础［M］．西安：陕西人民美术出版社，2011.

［7］刘晖，杨建辉，岳邦瑞，等．景观设计学［M］．北京：中国建筑工业出版社，2013.

［8］胡长龙．园林规划设计［M］．2版．北京：中国农业出版社，2002.

［9］张泉．村庄规划．［M］．2版．北京：中国建筑工业出版社，2011.

［10］王茂林．秦莉萍．罗友．景观设计［M］．长沙：中南大学出版社，2007.

［11］鲁超．园林景观设计中的空间尺度问题及解决策略［J］．普洱学院学报，2020，36（1）.

［12］李怡蓉．平面构成及应用的分析［J］．科技视界，2012（35）.

［13］李龙晓，单炜．“宋元文化”与“园林艺术”的交融与传承——以湖州莲花庄为例［J］．现代园艺，2022，45（4）：3.

［14］姜乔洋，丁云峰．风景园林美学视角下中西方古典园林造园要素对比分析［J］．现代园艺，2022，45（14）：113-115.

［15］高佳豪，冷先平，吕潇然．隐逸思想下明清文人园林曲境营造及应用研究［J］．城市建筑，2021，18（34）：193-195.

［16］李祖涛，孙得东．现代景观设计浅析［J］．中国科技信息，2008（13）：319+322.

［17］刘鑫雨．基于乡村振兴战略的乡村景观设计研究——以云南昌宁县柯街镇华侨社区为例［J］．文化产业，2022（21）：132-134.

［18］赵湘军．隋唐园林考察［D］．长沙：湖南师范大学，2005.

［19］程相占．生态美学与生态评估及规划［M］．郑州：河南人民出版社，2013.

［20］李秋实．“如画”作为一种新的美学发现［J］．东方艺术，2013（5）：130-135.

［21］杨平．环境美学的谱系［M］．南京：南京出版社，2007.

［22］贡布·希里．艺术发展史［M］．范景中，译．天津：天津人民美术出版社，1998.

［23］诺伯格·舒尔茨．场所精神：迈向建筑现象学［M］．施植民，译．武汉：华中科技大学出版社，2010.

［24］查尔斯·莫尔，威廉·米歇尔，威廉·图布尔．看风景［M］．李斯，译．哈尔滨：北方文艺出版社，2012.

［25］苏珊·朗格．情感与形式［M］．刘大基，译．北京：社会科学出版社，2001.